江苏大学专著出版基金资助出版

U0193517

交错轴摩擦轮传动理论及应用

姜松　姜奕奕　刘淑一　著

机械工业出版社

本书系统地阐述了交错轴摩擦轮传动的地位、发展历史，针对交错轴摩擦轮传动体系不完整和传动基本原理不清晰的现状，构建了交错轴摩擦轮传动理论体系，阐明了交错轴摩擦轮传动应用场景，扼要介绍了交错轴摩擦轮传动定型产品及其应用。

本书共 8 章，主要包括摩擦轮传动概述，交错轴摩擦轮传动原理，交错轴摩擦轮传动仿真，斜动式交错轴摩擦轮传动的应用，直动式交错轴摩擦轮传动的应用，卵形体农产品大小头自动定向中的轴向分列运动分析，斜动式和直动式交错轴摩擦轮传动的综合应用，交错轴摩擦轮传动的定型产品及其应用。

本书适合于不同领域从事装备设计开发、应用及维护的技术人员，以及高校相关专业的教师和学生。

图书在版编目（CIP）数据

交错轴摩擦轮传动理论及应用/姜松，姜奕奕，刘淑一著. —北京：机械工业出版社，2023.9

ISBN 978-7-111-74023-0

Ⅰ.①交… Ⅱ.①姜… ②姜… ③刘… Ⅲ.①机械传动 Ⅳ.①TH132

中国国家版本馆 CIP 数据核字（2023）第 183733 号

机械工业出版社（北京市百万庄大街 22 号 邮政编码 100037）
策划编辑：王永新 责任编辑：王永新
责任校对：牟丽英 张 征 封面设计：王 旭
责任印制：邵 敏
北京富资园科技发展有限公司印刷
2024 年 1 月第 1 版第 1 次印刷
169mm×239mm · 10 印张 · 190 千字
标准书号：ISBN 978-7-111-74023-0
定价：79.00 元

电话服务 网络服务
客服电话：010-88361066 机 工 官 网：www.cmpbook.com
010-88379833 机 工 官 博：weibo.com/cmp1952
010-68326294 金 书 网：www.golden-book.com
封底无防伪标均为盗版 机工教育服务网：www.cmpedu.com

序 | sequence

姜松教授在机械原理、机械设计基础、机械工程基础等方面有着深厚的造诣，在农产品及食品加工机械领域有着丰富的研究和应用成果。因相近的专业领域，我对姜松教授慕名已久，又借行业交流之机与姜松教授相识、相交。今年春节后，姜松教授邀请我为其专著作序，我深感荣幸，也倍感惶恐。这种惶恐在拜读了专著的样稿后更甚了——无论从学术价值还是从工程意义而言，该书都堪称佳作。我担心自己难以充分描述著作精髓，又却不过姜松教授盛情，忐忑提笔，将所思所想如实记述，作为该书的序言。

一台新型机械设备，其传动部件的设计是研发关键。目前，平行轴和相交轴摩擦轮传动已有丰富且成熟的设计理论，而交错轴摩擦轮传动虽被广泛应用，但长期以来缺乏系统的理论研究和归纳，现有文献极少涉及这一传动方式。无心磨床的工件进给传动、斜轧机械的传动、全方位移动机器人所用的麦克纳姆轮、管道机器人的螺旋运动式驱动机构、光杆（杠）排线器的传动、无牙螺杆的传动、钢管螺旋运动式输送辊道的传动、三坐标测量机和影像测量仪的驱动机构等，都使用了交错轴摩擦轮进行传动，但因缺乏完善的理论指引，在实际应用中，工程师也仅是凭经验完成设计，并不能清楚了解这一传动部件的原理，也不便于形成系统连贯的设计规程。

姜松教授及其团队成员多年来在交错轴摩擦传动理论及应用方面取得了丰硕的成果，积累了大量翔实的一手资料。作为其长期深耕成果的体现，该书从交错轴摩擦轮传动的分类体系、发展历程出发，系统分析了交错轴摩擦轮传动的基本原理及结构形式，详细介绍了斜动式交错轴摩擦轮传动、直动式交错轴摩擦轮传动、斜动式和直动式交错轴摩擦轮综合传动的应用等，并结合大量的工程实例进行了深入阐述。该书的出版，有助于厘清机械工程领域从业人员对摩擦轮传动尤其是交错轴摩擦轮传动的认识，通过构建系统性的知识体系，为交错轴摩擦轮传动的理论研究和工程应用提供了指导，读来有拨云见日、醍醐灌顶之感。

学术专著的写作不是件容易的事情，需要著者具备精深的专业造诣、科学的思维方法和洗练的文字功底。作为承担繁重科研和教学工作的知名专家，姜松教授及其团队成员以传播科学知识为使命担当，积土为山，积水为渊，从"发现现实问题—揭示科学事实—构建理论体系—实现技术应用"入手，将研究前沿与应用实践相结合，系统、全面地构建了交错轴摩擦轮传动的理论及应用体系，实现了"具体—抽象—具体"的认知与实践过程，既体现了高深的学养，也承载了使命和担当。

该书汇聚了姜松教授在交错轴摩擦轮传动领域多年潜心研究的成果，内容丰富，具有很强的理论性、针对性和实用性，是一本难得的机械原理与机构学领域科技专著。期待广大的机械领域从业人员，特别是装备研发人员和相关专业教师，能够借由该书了解并掌握更前沿、更系统的知识体系，爆发出更大的创造力。

华南理工大学　教授　博士生导师
教育部创新方法教学指导分委员会委员

张铁

2023 年 4 月

　　交错轴摩擦轮传动是与平行轴摩擦轮传动和相交轴摩擦轮传动不同的另外一种传动形式，交错轴摩擦轮传动的两摩擦轮轴线之间既不平行又不相交，属于空间交错，在不同的约束形式下可将输入的旋转运动转换成输出的螺旋运动或直线运动。

　　100多年以来，交错轴摩擦轮传动虽以不同结构形式和不同命名在工程领域中得到了广泛应用，如物料的自动输送、工作装置的牵引、平台的精密定位、远距离的输送、斜轧机械的传动、管道机器人的驱动、全方位移动小车的驱动、运动形式的转换和系统的无级变速调速等，但由于缺乏系统的理论解析和归纳，人们还未真正整体上认识其传动原理和在机构分类中的归属。

　　本书从交错轴摩擦轮传动的基本原理、两种基本形式在不同工程领域中的应用、解决工程实际问题的案例、机械产品设计中的应用等方面进行系统论述，填补国内外此领域现有文献的空白，同时可提高读者对摩擦轮传动，特别是交错轴摩擦轮传动的认识，也可打破不同领域由于命名不同造成的知识壁垒，为交错轴摩擦轮传动的应用研究和开发利用提供理论指导。

　　本书包含了作者15年来在交错轴摩擦轮传动理论及其应用方面的研究成果，共8章。第1章系统地阐明交错轴摩擦轮传动与摩擦轮传动的关系、规范命名及其发展历程；第2章揭示了交错轴摩擦轮的传动原理；第3章解析交错轴摩擦轮传动的运动学和动力学特性；第4、5章剖析斜动式和直动式交错轴摩擦轮传动在工程领域中的应用；第6章阐述交错轴摩擦轮传动原理在卵形体农产品大小头自动定向中轴向分列运动分析中的应用；第7章论述交错轴摩擦轮传动的综合应用；第8章介绍交错轴摩擦轮传动定型产品及其应用。

　　本书体现了知识的传承、创造及运用：从交错轴摩擦轮传动的归属和规范命名的提出、基本原理的揭示、两种基本运动形式和四种基本结构形式的建立，到运用基本原理系统归纳其在不同工程领域中的应用，再到运用基本原理解决具体工程实际问题，以及定型产品在工程设计中的选用。本书阐释了交错轴摩擦轮传动"是什么、为什么、能不能"，构建了交错轴摩擦轮传动的知识体系，完善了摩擦轮传动的分类体系。

机械传动机构是机械系统（装备）设计的单元（子系统），单元的设计选型离不开机构知识，系统的机构知识是机械系统设计的基础。希望本书对不同领域从事装备设计开发和应用及维护的广大技术人员、高校相关专业的教师和学生能有一定的参考价值。

作者的研究工作得到了国家科技支撑计划（项目号：2006BAD11A12 -06）、江苏省高校自然科学研究项目（重大基础研究）（项目号：11KJA550002）、国家自然科学基金项目（项目号：51575243）和科技部创新方法工作专项项目（项目号：2020IM030100）的资助。

本书第 1~3 章、第 6 章、第 7 章由姜松、姜奕奕编写，第 4 章、第 5 章、第 8 章由姜松、姜奕奕、刘淑一编写，全书由姜松统一定稿。

感谢为本书出版提供帮助的冯侃、陈章耀、马朝兴等老师和团队的研究生。

由于作者水平有限，书中难免有不足之处，恳请读者批评指正。书中参考了很多文献资料，由于篇幅所限仅列出部分参考文献，还有很多未列出的参考文献，在此一并对这些文献的作者表示感谢！

著　者

目 录 | CONTENTS

第 1 章

摩擦轮传动概述

摩擦轮传动是机械传动中常见的传动形式之一，是利用两轮直接压紧接触所产生的摩擦力来传递运动和动力的一种机械传动。在目前大多数图书中，主要介绍平行轴摩擦轮传动和相交轴摩擦轮传动，仅有少数图书涉及交错轴摩擦轮传动，并以机构示意图的形式给出了机构名称，如称为双曲线体摩擦轮（螺旋摩擦轮）机构，或称为单叶旋转双曲面摩擦轮机构，或称为将旋转运动变为螺旋运动的传动，或称为螺旋摩擦轮传动，但都未论述交错轴摩擦轮传动理论，在摩擦轮传动分类体系中也仅仅对平行轴摩擦轮传动和相交轴摩擦轮传动进行分类。

目前书本中对摩擦轮传动的认识仍然停留在 20 世纪 20 年代水平，未将 100 多年来摩擦轮传动特别是交错轴摩擦轮传动的应用归纳总结到书本中。交错轴摩擦轮传动的广泛应用在不同领域的教材、学术论文、专著、专利和产品说明中都有提及，但是缺乏系统性，不同工程领域往往采用不同的命名方法，各种名称层出不穷。另外，由于命名不同造成了不同领域的知识壁垒。

由于交错轴摩擦轮传动具有独特的传动特性，100 多年来，交错轴摩擦轮受到了人们的广泛关注和高度重视，如在物料的自动输送、工作装置的牵引、平台的精密定位、远距离物品输送、斜轧机械的传动、管道机器人的驱动、全方位移动小车（机器人）的驱动、运动形式的转换和系统的无级变速调速等工程中得到了广泛应用。国内外还研制开发了交错轴摩擦轮传动定型产品，使其在工程应用上取得了突破进展，如基于交错轴摩擦轮传动原理的光杆排线器在线、缆、丝、带行业的绕盘作业机械上得到了广泛应用，在国内外形成了规模化产品生产企业和产业集群。

因此，本书系统地总结和归纳及解析交错轴摩擦轮传动的基本原理和基本传动形式，明确其归属，完善摩擦轮传动的分类体系；发掘梳理交错轴摩擦轮传动两种基本传动形式和四种基本结构形式在各种工程装备上的应用和研究进展，以及典型产品（部件）的应用；为其今后更广泛的应用提供理论指导和参考及借鉴。

1.1 摩擦轮传动的分类体系

根据摩擦轮传动的特点，可以划分为不同种类的摩擦轮传动。摩擦轮传动具体分类形式：①按载荷的大小分为传递动力的传动和传递运动的传动；②按传动比分为定传动比的传动和变传动比的传动；③按轴的相对位置分为平行轴之间的传动和相交轴之间的传动及交错轴之间的传动；④按轮子的形状分为圆柱形、圆锥形、腰鼓形、椭圆形、环形、叶瓣形、球形及曲面形；⑤按轮缘的表面结构形状分为光滑面和楔形槽；⑥按接触处的压紧方法分为无特殊压紧机构、可定期改变压紧力和可自动调节压紧力；⑦按速度可调性分为定速、有级变速、无级变速；⑧按不同用途分为实现两轴（平行轴、相交轴）之间的回转运动的传递、实现回转运动与往复运动的转换（火车轮与轨道、车轮与地面、轧钢机中轧辊与钢坯等）、实现回转运动与螺旋运动的转换（无心磨床、光轴斜轮传动）、实现无级变速（各种形式的摩擦轮无级变速器）；⑨按接触方式分为外接触和内接触（定传动比），直接接触和间接接触（变传动比）；⑩按支撑轴固定方式分为定轴和非定轴。摩擦轮传动基本分类体系如图1-1所示。

在图1-1中，按轴的相对位置，在平行轴传动和相交轴传动的基础上，提出了交错轴传动的概念，如图1-1中的点画线部分。因此，在摩擦轮传动分类体系中重构了按轴的相对位置和接触方式关系的分类，形成了新的摩擦轮传动分类体系。

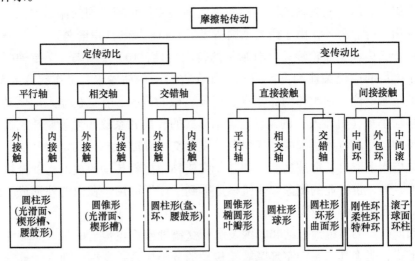

图1-1 摩擦轮传动基本分类体系

1.2　摩擦轮传动的运动关系

定传动比的平行轴、相交轴和交错轴摩擦轮传动的主动轮和从动轮之间的运动关系如表 1-1 所示。其中，交错轴摩擦轮传动比较特殊，有斜动和直动两种运动形式，从动轮作螺旋运动，从动轮的转速和移动速度随摩擦轮轴间偏置角 φ 的变化而变化。

表 1-1　定传动比三类摩擦轮传动的主动轮和从动轮之间的运动关系

两轴关系		主动轮转速 ω_1	从动轮转速 ω_2	从动轮移动速度	从动轮运动形式
平行轴		ω_1	$\omega_1 R_1/R_2$	—	旋转运动
相交轴		ω_1	$\omega_1 R_1/R_2$	—	旋转运动
交错轴	斜动形式	ω_1	$\omega_1 R_1\cos\varphi/R_2$	$\omega_1 R_1\sin\varphi$	螺旋运动
	直动形式	ω_1	$\omega_1 R_1/(R_2\cos\varphi)$	$\omega_1 R_1\tan\varphi$	

注：R_1 是主动轮半径，R_2 是从动轮半径。

1.3　交错轴摩擦轮机构规范命名

从工程应用及研究文献中可以看到，各领域对交错轴摩擦轮传动机构命名各不相同，甚至有些名称与已有的传动机构名称混淆，对其认识大部分都局限在自身领域，工程界和学界都未形成共识。如精密定位传动中称为扭轮摩擦传动（Twist – roller Friction Drive）或光杆螺旋传动；管道机器人中称为螺旋轮驱动或螺旋轮式驱动；缠绕线（丝、带）机中称为无级变速螺旋驱动器；窗帘、门、汽车玻璃窗的自动开合系统中称为旋转光轴直线驱动装置；冰箱制造的发泡线上夹具输送小车驱动中称为斜轮 – 光轴摩擦传动；某扩散炉上送片装置中称为光轴滚动螺旋传动；某种柴油机调速杆驱动中称为光轴螺旋传动；无心磨床、钢管斜轧穿孔机、抛光机、斜轧设备和矫直设备中称为轮（轧辊）与被加工工件之间偏置一定角度的传动（无特定专用名称）；德国 UHING 公司产品称为光杆/光杠排线器、滚动环传动（Rolling Ring Drives）、光轴转环直线移动式无级变速器、转环直动式无级变速器、转环直动变速器、直线传动螺母（Linear Drive Nut）；日本 NB 株式会社称为滑动螺杆或无牙螺杆；日本旭精工株式会社（ASAHI）称为无牙螺母或无牙螺杆，回转体成组斜轮或辊轮输送装置（无特定专用名称）。

目前仅个别图书及专利中，提出这种机构属于摩擦轮传动的运动形式，但也未给出机构的规范名称。可参照齿轮机构按支撑轴的关系分类方法，统一规范为交错轴摩擦轮传动（机构），或者根据运动形式，命名为摩擦轮螺旋传动（机构），其中两种形式可分别命名为螺旋式或斜动式交错轴摩擦轮传动（机构）、移动式或直动式交错轴摩擦轮传动（机构）。

1.4 交错轴摩擦轮传动的发展历程溯源

在金如崧编著的《无缝钢管百年史话》中提到，1862 年斜轧工艺首次应用于棒料，1885 年出现了无缝钢管的斜轧穿孔工艺。1889 年美国专利（US402674）中，公开了应用斜轮与光轴的传动装置。1940 年美国专利（US2204638）中，公开了采用斜轮与光轴的传动装置的开门机构。1954 年、1956 年德国专利（DE1057411、DE1203079）中公开德国 UHING 公司定型产品滚动环传动及应用。钱安宇 1982 年所著的《无心磨削》中，讲述了 1915 年导轮和托板的引入是现代无心磨床的起点，实现了被磨削工件的自动进给，导轮与被磨削工件之间是螺旋传动关系。

20 世纪 50 年代，德国 UHING 公司开发了主要用于电线电缆工业的收线装置和复绕设备上的光杆排线机构，其原理为内接触交错轴摩擦轮传动，直线位移输出，且可实现无级变速。20 世纪 90 年代，意大利 DEA 公司推出的 GAMA 型三坐标测量机，将交错轴摩擦轮传动直线位移输出机构应用于精密定位系统的传动。日本 NB 株式会社开发了外接触交错轴摩擦轮传动的直线位移传动装置。

1958 年竺良甫主编的《机械原理简明教材》中，论述摩擦轮机构可以根据主动轴和从动轴的相对位置来进行分类。图 1-2a、图 1-2b 和图 1-2c 分别表示圆柱摩擦轮机构、圆锥摩擦轮机构和双曲线体摩擦轮机构。圆柱摩擦轮机构用

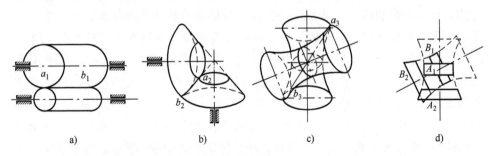

图 1-2 摩擦轮机构的分类

a）圆柱摩擦轮机构　b）圆锥摩擦轮机构　c）双曲线体摩擦轮机构　d）部分双曲线体摩擦轮机构

于平行轴的传动，圆锥摩擦轮机构用于相交两轴的传动，双曲线体摩擦轮机构用于既不平行又不相交的空间相错两轴的传动。双曲线体摩擦轮机构并不是全部用作摩擦轮，而是仅取其一部分，当取其中央喉头的一小部分，如图 1-2d 所示，A_1、B_1 则为螺旋摩擦轮；当取其两端锥形的一小部分，如图 1-2d 所示，A_2、B_2 则为双曲线体圆锥摩擦轮，这样摩擦轮的接触线均为直线。如图 1-2a 所示，直线 a_1b_1 分别绕平行两轴回转，为圆柱摩擦轮；如图 1-2b 所示，直线 a_2b_2 分别绕相交两轴回转，为圆锥摩擦轮；如图 1-2c 所示，直线 a_3b_3 分别绕空间相错两轴回转，为双曲线体摩擦轮。以上几种摩擦轮，其接触线均为直线。

1988 年日本鸣泷良之助等著（张玉忠译）的《机械设计例题集》，论述了旋转单叶双曲面摩擦轮（又称为交错轴摩擦轮或螺旋摩擦轮），如图 1-3 所示。两轴既不平行，也不相交，即在所谓交错状态时，可使以各轴线为轮轴中心线的旋转单叶双曲面接触，并由此传递动力。用图 1-3 所示的鼓形柱体的中央部位摩擦时，称为螺旋摩擦轮，用偏离中央的部位进行摩擦时，一般称为交错轴摩擦轮。这两个摩擦面的运动，一边围绕着接触母线转动，一边同时沿着母线产生滑动，从而引起所谓的螺旋运动。

1989 年上海交通大学、清华大学、上海机械学院编写的《精密机械与仪器零件部件设计》对固定传动比的摩擦轮传动的分类中，介绍了一种能将旋转运动变为螺旋运动的摩擦轮传动，如图 1-4 所示，主要应用于无心磨床、钢管斜轧穿孔机、测量机、调整仪等中，特点是旋转运动转换为螺旋运动。2001 年

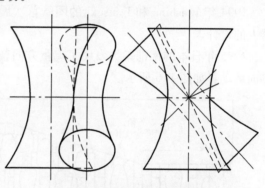

图 1-3　旋转单叶双曲面摩擦轮

李杞仪与赵韩的《机械原理》和 1955 年 B. C. 波略可夫等著的《机械零件（下册）》中都提及了该机构。

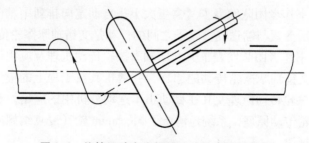

图 1-4　旋转运动变为螺旋运动的摩擦轮传动

2002 年成大先主编的《机械设计手册　第 4 版　第 3 卷》的第 12 篇 螺旋传动、摩擦轮传动中，分成圆柱摩擦轮传动、端面摩擦轮传动、锥形摩擦轮传动、螺旋摩擦轮传动，如图 1-5 所示。而在 GB/T 4460—2013《机械制图　机构运动简图用图形符号》中，图 1-5d 称为双曲面轮传动。

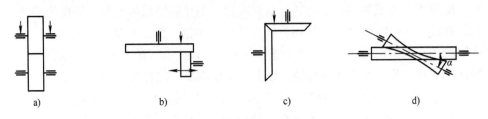

a) 　　　　b) 　　　　c) 　　　　d)

图 1-5　常见摩擦轮传动机构

a）圆柱摩擦轮传动　b）端面摩擦轮传动　c）锥形摩擦轮传动　d）螺旋摩擦轮传动

1990 年日本学者 Mizumoto H（水本 洋）提出了扭轮摩擦传动（Twist－roller Friction Drive），并在精密传动方面进行系统研究。国防科技大学精密工程研究室李圣怡等和西安工业大学田军委等也开展了相关研究。

1994 年 Iwashina 和 Iwatsuki 的团队首次展示了一种螺旋运动式驱动管道机器人的设计。

1995 年日本的南部幸男发明了鸡蛋方向整列装置，实现了鸡蛋在输送辊上轴向运动，如图 1-6 所示。

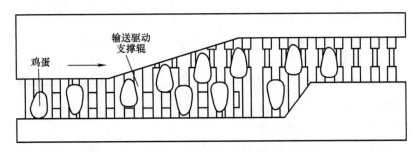

图 1-6　鸡蛋方向整列装置

2013 年本书作者团队发表了《禽蛋大小头自动定向排列中轴向运动机理研究》论文，揭示禽蛋与输送支撑辊子之间的传动是交错轴摩擦轮传动。

2020 年本书作者团队发表了《交错轴摩擦轮传动机理及应用》论文，理论系统地阐明了交错轴摩擦轮传动的原理，并解析其在工程上的应用。同年发表了《交错轴摩擦轮传动原理及其在移动小车运动分析中的应用》论文，基于轮地交错轴摩擦轮传动原理，系统地解析了 Mecanum 轮（麦克纳姆轮）全方位移动小车的运动规律。

第2章

交错轴摩擦轮传动原理

2.1 交错轴摩擦轮传动机构组成

交错轴摩擦轮传动机构组成及结构关系，如图 2-1 所示。它由主动摩擦轮和从动摩擦轮及机架等组成，主动摩擦轮和从动摩擦轮支撑轴轴线之间的夹角为 φ，称为偏置角。当主动摩擦轮旋转时，从动摩擦轮在两轮接触点摩擦力的作用下同时做旋转运动和直线运动，即做螺旋运动。图 2-1a、b 所示为交错轴摩擦轮传动机构的两种基本形式，图 2-1a 中的从动摩擦轮沿其自身支撑轴轴线方向移动（斜动式）并做转动（支撑轴不动，从动摩擦轮与其支撑轴之间可相对运动）；图 2-1b 中的从动摩擦轮及其支撑轴（两者固定连接）绕其自身支撑轴轴线转动，通过运动副和构件的组合转换，使移动方向为沿主动摩擦轮支撑轴轴线方向（直动式）；两者仅仅是从动摩擦轮移动方向不同，图 2-1b 所示结构可以视为图 2-1a 中从动摩擦轮在主动摩擦轮轴线垂直方向运动受限的变型。图 2-1c 所示结构为图 2-1b 所示结构的另一种表达方式，它将支撑轴与机架之间的高副转化为低副，两者等价；从运动输出来看，从动摩擦轮的旋转运动被隐藏，突显了支撑轴的直线运动。由此形成传动基本原理相同的两种基本运动形式的交错轴摩擦轮传动，即从动摩擦轮沿自身支撑轴方向移动（斜动式）和从动摩擦轮沿主动轮支撑轴方向移动（直动式）。目前工程上常用的传动结构关系如图 2-1a 和图 2-1c 所示。

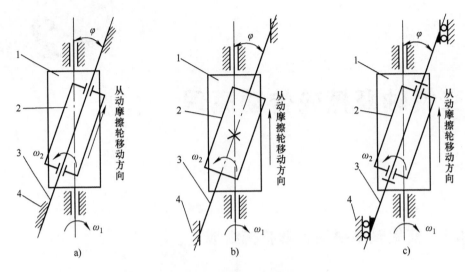

图 2-1　交错轴摩擦轮传动机构组成及结构关系

a）斜动式　b）直动式　c）直动式（另一种表达）

1—主动摩擦轮　2—从动摩擦轮　3—支撑轴　4—机架

2.2　交错轴摩擦轮传动运动分析

2.2.1　从动摩擦轮沿自身支撑轴方向移动（斜动式）

假设将图 2-1a 中主动摩擦轮表面展成平面（平板），则从动摩擦轮与平板之间的传动与图 2-1a 等效，此时从动摩擦轮支撑轴轴线与平板移动垂直方向之间的夹角仍为 φ，也称为偏置角。当平板以速度 v 移动时，由于从动摩擦轮在平板摩擦力驱动下做螺旋运动，沿其支撑轴轴线做相对移动，在时间 t 内从 O 处运动到 O' 处，同时，从动摩擦轮绕其支撑轴轴线转动，如图 2-2 所示。

1. 斜动式从动摩擦轮力分析

假设从动摩擦轮与平板在接触点处做纯滚动，且从动摩擦轮与其支撑

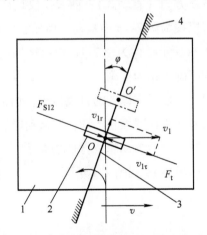

图 2-2　斜动式从动摩擦轮与平板传动关系

1—平板　2—从动摩擦轮　3—支撑轴　4—机架

轴之间无摩擦仅形成转动副关系。以从动摩擦轮为受力分析对象，从动摩擦轮仅受到其支撑轴作用的推力 F_t 和平板作用的摩擦力 F_{S12}，二力平衡，而支撑轴对从动摩擦轮的作用推力 F_t 垂直于从动摩擦轮支撑轴轴线，因而从动摩擦轮与平板接触点的摩擦力 F_{S12} 也垂直于从动摩擦轮支撑轴轴线。由于从动摩擦轮做滚动，接触点摩擦力 F_{S12} 是非常小的静摩擦力。

2. 斜动式从动摩擦轮速度分析

假设从动摩擦轮与平板在接触点处做纯滚动，当以速度 v 移动平板时，接触点的线速度 v_1 与平板移动速度 v 相等。利用刚体速度的基点分析法，设轮心 O 为基点，如图 2-2 所示，可得 v_1、v_{1r}、$v_{1\tau}$ 三者矢量关系为

$$\boldsymbol{v}_1 = \boldsymbol{v}_{1r} + \boldsymbol{v}_{1\tau}$$

其中 v_{1r} 使从动摩擦轮产生沿支撑轴的移动，$v_{1\tau}$ 使从动摩擦轮产生绕支撑轴的转动，由几何关系可知

$$v_{1r} = v_1 \sin\varphi = v\sin\varphi \tag{2-1}$$

$$v_{1\tau} = v_1 \cos\varphi = v\cos\varphi \tag{2-2}$$

当 $\varphi = 0°$ 时，$v_{1r} = 0$，$v_{1\tau} = v$，从图 2-1a 结构关系来看为平行轴摩擦轮传动，从动摩擦轮仅做绕支撑轴转动（定轴转动）。

当 $\varphi = 90°$ 时，$v_{1r} = v$，$v_{1\tau} = 0$，此时转化为类似于摩擦轮与摩擦块传动，从动摩擦轮仅做移动（平动）。

当 $0° < \varphi < 90°$ 时，$v_{1r} \neq 0$，$v_{1\tau} \neq 0$，从图 2-1a 结构关系来看为交错轴摩擦轮传动，从动摩擦轮同时做移动和转动的螺旋运动，因此，图 2-2 是图 2-1a 的特例。

3. 斜动式从动摩擦轮位移分析

依据相对运动原理，对图 2-2 传动关系进行倒置处理，即平板静止，从动摩擦轮支撑轴以 v 速度移动，如图 2-3 所示。设从动摩擦轮支撑轴移动时间为 t，从动摩擦轮轮心从 O 运动 O'，OO' 之间的连线即为从动摩擦轮在平板上的移动轨迹，vt 为从动摩擦轮支撑轴在 t 时间内的位移，则由式（2-1）可知从动摩擦轮沿其支撑轴轴线方向的位移 S_{1r} 为

$$S_{1r} = v_{1r}t = vt\sin\varphi \tag{2-3}$$

对于图 2-1a 来说，由式（2-3）可知，当主动摩擦轮每转一周，则计算可得

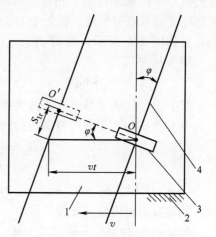

图 2-3　斜动式从动摩擦轮轴向位移计算
1—平板　2—机架　3—摩擦轮　4—支撑轴

9

从动摩擦轮沿其支撑轴轴线方向的位移 S_{1rz} 为

$$S_{1rz} = \pi d \sin\varphi \tag{2-4}$$

式中 d——主动摩擦轮的直径（mm）。

4. 特例——轮地交错轴摩擦轮传动

当图 2-2 中移动的平板静止（相当于地面），而从动摩擦轮的支撑轴以速度 v 移动，支撑轴相对其移动速度 v 的垂直方向偏置角为 φ 时，从动摩擦轮与地面构成特殊传动关系——轮地交错轴摩擦轮传动。根据相对运动原理，摩擦轮的力和运动参数的量效关系不变。

2.2.2 从动摩擦轮沿主动轮支撑轴方向移动（直动式）

1. 直动式从动摩擦轮速度分析

与 2.2.1 节同理，假设将图 2-1b 中主动摩擦轮表面展成平面（平板），则从动摩擦轮与平板之间的传动与图 2-1b 等效，此时从动摩擦轮支撑轴轴线与平板移动垂直方向的夹角为 φ，仍称为偏置角，如图 2-4 所示。设平板移动时间为 t，从动摩擦轮轮心沿主动摩擦轮支撑轴轴线从 O 运动到 O''。

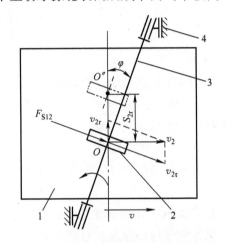

假设从动摩擦轮与平板在接触点处做纯滚动，当以速度 v 移动平板时，从动摩擦轮上与平板接触点的线速度 v_2 与平板移动速度 v 相等。利用刚体速度的基点分析法，设轮心 O 为基点，如图 2-4 所示，可得 v_2、v_{2r}、$v_{2\tau}$ 三者矢量关系为

图 2-4 直动式从动摩擦轮与平板传动关系
1—平板 2—从动摩擦轮 3—支撑轴 4—机架

$$\boldsymbol{v}_2 = \boldsymbol{v}_{2r} + \boldsymbol{v}_{2\tau}$$

其中，v_{2r} 使从动摩擦轮及其支撑轴产生沿主动轮支撑轴轴线方向的移动，$v_{2\tau}$ 使从动摩擦轮产生绕自身轴线的转动，由几何关系可知

$$v_{2r} = v_2 \tan\varphi = v \tan\varphi \tag{2-5}$$

$$v_{2\tau} = v_2 / \cos\varphi = v / \cos\varphi \tag{2-6}$$

当 $\varphi = 0°$ 时，$v_{2r} = 0$，$v_{2\tau} = v$，从图 2-1b 结构关系来看为平行轴摩擦轮传动，从动摩擦轮仅做绕支撑轴转动（定轴转动）。

当 $\varphi = 90°$ 时，$v_{2r} = \infty$，$v_{2\tau} = \infty$，此时传动关系不成立。

当 $0° < \varphi < 90°$ 时，$v_{2r} \neq 0$，$v_{2\tau} \neq 0$，从图 2-1b 结构关系来看为交错轴摩擦轮传动，从动摩擦轮及其支撑轴同时做移动和转动的螺旋运动，且随着 φ 增大，

v_{2r}、$v_{2\tau}$ 显著增大，因此，图 2-4 是图 2-1a 的特例。

2. 直动式从动摩擦轮位移分析

由式（2-5）可知，从动摩擦轮沿平板移动速度 v 的垂直方向（即主动轮支撑轴轴线方向）移动的位移 S_{2r} 为

$$S_{2r} = v_{2r}t = vt\tan\varphi \tag{2-7}$$

当主动摩擦轮每转一周，则从动摩擦轮沿其轴线的移动位移 S_{2rz} 为

$$S_{2rz} = \pi d\tan\varphi \tag{2-8}$$

2.2.3　从动摩擦轮斜动式和直动式关系

当斜动式转化为直动式时，将斜动式从动摩擦轮沿自身支撑轴方向移动速度 v_{1r} 向主动轮支撑轴轴线方向和从动摩擦轮支撑轴轴线垂直方向分解为 v_{3r} 和 $v_{3\tau}$，如图 2-5 所示，可得

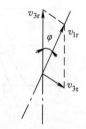

图 2-5　速度转化关系

$$v_{3r} = v_{1r} / \cos\varphi = v\sin\varphi / \cos\varphi = v\tan\varphi$$

即为直动式从动摩擦轮沿主动轮支撑轴轴线运动速度，见式（2-5）。

$$v_{3\tau} = v_{1r}\tan\varphi$$

而斜动式从动摩擦轮支撑轴轴线垂直方向原有的速度 $v_{1\tau} = v\cos\varphi$，因而该方向速度之和为

$$v_{3\tau} + v_{1\tau} = v_{1r}\tan\varphi + v\cos\varphi = v\sin\varphi\tan\varphi + v\cos\varphi = v/\cos\varphi$$

即为直动式从动摩擦轮绕自身支撑轴轴线的转动线速度，见式（2-6）。

因此，当斜动受限转化为直动时，通过从动摩擦轮运动参数的自适应调整实现运动的自动转化（变换）。

2.2.4　斜动式和直动式从动摩擦轮移动方向

从动摩擦轮移动方向的确定：图 2-1a 从动摩擦轮移动方向为从动摩擦轮沿自身支撑轴轴线的移动方向，其与两轮接触点线速度方向之间夹角为 $90° - \varphi$。在图 2-1a 判定方法的基础上，得出图 2-1b 从动摩擦轮的移动趋势，即可确定其沿主动摩擦轮支撑轴轴线的移动方向。

2.3　交错轴摩擦轮传动特例——轮地传动

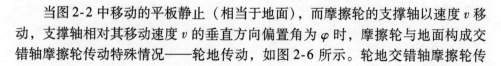

当图 2-2 中移动的平板静止（相当于地面），而摩擦轮的支撑轴以速度 v 移动，支撑轴相对其移动速度 v 的垂直方向偏置角为 φ 时，摩擦轮与地面构成交错轴摩擦轮传动特殊情况——轮地传动，如图 2-6 所示。轮地交错轴摩擦轮传

动形式和传动关系与图 2-1a 等价。

2.3.1 传动形式

由于摩擦轮支撑轴移动速度垂直方向与摩擦轮轴线之间偏置方位的不同，摩擦轮与地面形成四种传动形式，如图 2-6 所示。根据相对运动原理，图 2-6a 与图 2-2 传动关系不变，而图 2-6b ~ d 与图 2-6a 传动关系一样，仅仅是支撑轴偏置方位和移动速度方向的不同。

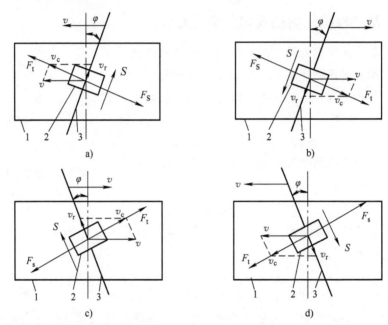

图 2-6　摩擦轮与地面传动关系

1—地面　2—摩擦轮　3—支撑轴

2.3.2 动力学参数理论分析

1. 摩擦轮的受力分析

与 2.2.1 节同理，摩擦轮与地面接触点的摩擦力 F_s 垂直于其支撑轴轴线，且与支撑轴的推力 F_t 平衡，如图 2-6 所示。

2. 摩擦轮的速度分析

如图 2-6 所示，假设摩擦轮与地面之间是纯滚动，由点的运动合成原理，摩擦轮轮心（动点）绝对速度 v_c 是由（动系）支撑轴移动速度 v（牵连速度）和摩擦轮相对于支撑轴的相对速度 v_r 而合成，其中 v_c 使摩擦轮产生绕支撑轴的转动，v_r 使摩擦轮产生沿支撑轴移动的速度，它们与支撑轴移动速度 v 的关系为

$$v_c = v\cos\varphi \qquad\qquad (2\text{-}9)$$
$$v_r = v\sin\varphi \qquad\qquad (2\text{-}10)$$
$$\omega_c = v\cos\varphi/r \qquad\qquad (2\text{-}11)$$

式中　ω_c——摩擦轮转动角速度（rad/s）；

$\qquad r$——摩擦轮半径（mm）。

3. 摩擦轮的位移分析

由速度分析和 2.2.1 节可知，摩擦轮沿支撑轴的位移为

$$S = vt\sin\varphi$$

其他位移同理可得。

4. 摩擦轮移动方向与支撑轴运动方向的关系

由图 2-6 可知，摩擦轮沿支撑轴移动的方向与支撑轴移动速度方向的夹角为 $90° + \varphi$，即摩擦轮沿支撑轴移动（速度或位移）的方向与支撑轴移动速度方向之间的夹角为钝角。

2.3.3　摩擦轮驱动能力分析

摩擦轮的驱动能力分为摩擦轮轴向承载能力和周向承载能力及轴向和周向同时承载能力三种情况，其受力分析如图 2-7 所示（仅分析运动平面及其平行平面内）。由 2.3.2 节可知，摩擦轮无外载驱动时摩擦轮仅受支撑轴的推力 F_t 和接触点静摩擦力 F_s 作用，二力平衡，且静摩擦力 F_s 很小，因而支撑轴的推力 F_t 也很小。

1. 轴向承载能力

当轴向承载为 F 时，摩擦轮受力如图 2-7a 所示，由于摩擦轮受力平衡（摩擦轮做匀速螺旋运动），摩擦轮接触点产生 2 个静摩擦分力分别与支撑轴的推力 F_t 和轴向承载 F 平衡，即沿支撑轴轴线方向摩擦分力 F_{sr} 和垂直于支撑轴轴线方向摩擦分力 F_{st}。由于垂直于支撑轴轴线方向摩擦分力 F_{st} 很小（滚动时静摩擦力很小），轴向承载 F 越大，摩擦轮接触点总摩擦力 F_s 越接近支撑轴轴线方向。

2. 周向承载能力

当周向承载为 F_M（由转矩等效转换而成，转矩 M 除以摩擦轮半径 r）时，摩擦轮受力如图 2-7b 所示，由于摩擦轮受力平衡（摩擦轮做匀速螺旋运动），摩擦轮接触点产生静摩擦力 F_s 与支撑轴的推力 F_t 和周向承载 F_M 平衡，静摩擦力 F_s 垂直于支撑轴轴线方向。

3. 轴向和周向同时承载能力

当轴向和周向同时承载时，摩擦轮受力如图 2-7c 所示，由于摩擦轮做匀速螺旋运动，摩擦轮接触点产生 2 个静摩擦分力分别与支撑轴的推力 F_t 和周向承

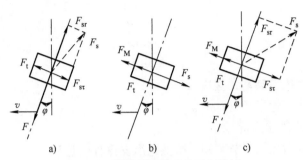

图 2-7　摩擦轮承载时的受力分析

a）轴向承载能力　b）周向承载能力　c）轴向和周向同时承载能力

载 F_M 及轴向承载 F 平衡，即沿支撑轴轴线方向摩擦力 F_{sr} 与轴向承载 F 平衡，垂直于支撑轴轴线方向摩擦分力 F_{sT} 与支撑轴的推力 F_t 和周向承载 F_M 平衡。摩擦轮接触点总摩擦力 F_s 与支撑轴轴线方向的夹角为 $\arctan[(F_M+F_t)/F]$，支撑轴推力 F_t 一般很小，当远小于周向承载 F_M 时，夹角可以简化为 $\arctan(F_M/F)$。

由以上分析可知，摩擦轮的驱动能力取决于静摩擦力，而静摩擦力取决于静摩擦因数和摩擦轮与地面的压紧力。为确保有效传动，理论上总承载（驱动力）应小于最大静摩擦力，实际设计时应小于滑动摩擦力。

2.4　交错轴摩擦轮传动机构形式及演化

从交错轴摩擦轮传动原理和机构形式及演化来看，交错轴摩擦轮传动的两种基本运动形式为斜动式和直动式，四种基本结构形式为外接触、内接触、轮地、特殊结构（机构示意图，如图 2-1b 所示；应用示意图，如图 5-20、图 6-3 所示）。

2.4.1　按运动形式

交错轴摩擦轮传动可分为直动式和斜动式两种形式，斜动式交错轴摩擦轮传动输出的是螺旋运动形式（见图 2-1a），直动式交错轴摩擦轮传动输出的是直线移动形式，直动式交错轴摩擦轮传动是斜动形式的一种运动转换形式（见图 2-1b 和图 2-1c）。

2.4.2　按接触形式

交错轴摩擦轮传动按主动轮与从动轮接触形式可分为外接触和内接触，斜动式交错轴摩擦轮传动应用中一般都为外接触；直动式交错轴摩擦轮传动的外接触和内接触都有应用，按从动轮数量通常有单轮（见图 2-1b）、两轮组合、三轮组合（图 2-8 为外接触，图 2-9、图 2-10 为内接触）及四轮组合。

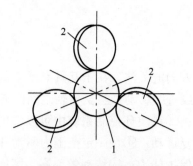

图 2-8　光轴与斜轮外接触

1—光轴　2—斜轮

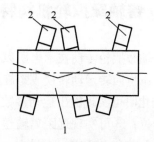

图 2-9　光轴与斜轮内接触

1—光轴　2—斜轮

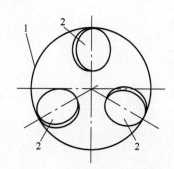

图 2-10　管道内壁与斜轮内接触

1—管道　2—斜轮

2.4.3　按轮地形式

轮地交错轴摩擦轮传动可视为主动摩擦轮直径趋向于无穷大，轮转化为平面（地面），也可分为轮地斜动式和轮地直动式两种形式，如图 2-11、图 2-12 所示。

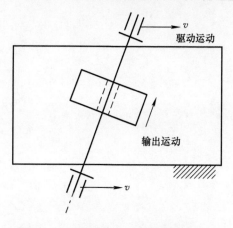

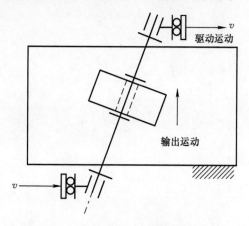

图 2-11　轮地斜动式交错轴摩擦轮传动　　**图 2-12　轮地直动式交错轴摩擦轮传动**

2.5　交错轴摩擦轮机构特点

　　交错轴摩擦轮传动技术之所以受到人们的关注，在于其具有很多重要的传动特性：①将回转运动转换成螺旋运动或直线移动，当交错轴之间的夹角（偏置角）变化时可实现输出运动参数可调；②在闭环控制系统中可以实现高精度传动和定位；③可实现远距离输送和往复运动；④在一定范围内驱动外载能力可以任意调节和自适应；⑤具有过载自保护能力；⑥传动效率高、磨损小、寿命长、成本低、结构和制造工艺简单。

第 3 章

交错轴摩擦轮传动仿真

3.1 交错轴摩擦轮传动的运动学仿真

3.1.1 仿真试验的模型建立

分别建立摩擦轮沿从动轮自身支撑轴方向移动和沿主动轮支撑轴方向移动两种基本模型,利用仿真手段验证轴向运动参数的设计计算方法。二者仅在摩擦轮的约束方式和动力学参数测试方面的设置有所不同。模型的具体构建步骤如下。

1. 三维模型的建立

利用 ADAMS/View 模块,建立平板、摩擦轮及其中心支撑轴三构件的交错轴摩擦轮传动仿真三维模型,如图 3-1 所示。将平板设置成长度为 1000mm、宽度为 500mm、厚度为 10mm 的长方体,中心支撑轴设置成长度为 300mm、半径 r_0 为 2.49mm、质量为 0.05kg

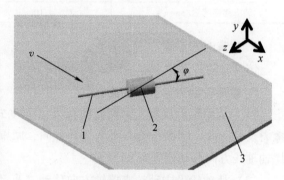

图 3-1 交错轴摩擦轮传动仿真三维模型
1—支撑轴 2—摩擦轮 3—平板

的圆柱体,摩擦轮设置成轮宽为 60mm、半径 r 为 20mm、质量为 20kg 的圆柱体,并利用三维建模中的布尔差集运算在摩擦轮中心设置半径为 2.5mm 的圆柱孔。设构件材质为钢,偏置角 φ 为 30°。

2. 约束和驱动设置

(1)从动轮沿自身支撑轴方向移动(斜动式) 将支撑轴与地面之间的约束设置成固定副,平板设置成沿 x 轴方向的移动副。在平板移动副上添加驱动

（速度），其方向沿 x 轴正方向，驱动函数设置为 step（time，0，0，1，20），即平板的移动速度 v 在 $0 \sim 1\text{s}$ 内从 0 加速到 20mm/s，1s 之后以 20mm/s 匀速沿 x 轴正方向移动。

（2）从动轮沿主动轮支撑轴方向移动（直动式）　将支撑轴与地面之间的约束设置成沿 z 轴方向的移动副，摩擦轮设置成绕支撑轴的旋转副，平板的移动副和驱动设置与（1）中一致。

3. 接触参数设置

设置摩擦轮与平板、摩擦轮与支撑轴之间为基于碰撞函数的接触算法，接触参数如表 3-1 所示。

表 3-1　仿真模型的参数设置

参数名称	摩擦轮与平板	摩擦轮与支撑轴
刚度系数 $K/\text{N} \cdot \text{mm}^{-1.5}$	10^5	150
弹性力指数 e	1.65	1.65
最大阻尼系数 $c_{\max}/\text{N} \cdot \text{s} \cdot \text{mm}^{-1}$	250	2
切入深度 g/mm	0.1	0.1
静摩擦系数 μ_{s}	0.3	—
动摩擦系数 μ_{d}	0.25	—
静滑移速度 $v_{\text{s}}/\text{mm} \cdot \text{s}^{-1}$	0.1	—
动滑移速度 $v_{\text{d}}/\text{mm} \cdot \text{s}^{-1}$	10	—

4. 仿真时间设置

仿真时间长度为 10s，步长为 1000。

5. 摩擦轮动力学参数的测试

（1）从动轮沿自身支撑轴方向移动（斜动式）　测试计算摩擦轮接触点摩擦力及其方向、摩擦轮质心速度及其方向、摩擦轮角速度以及摩擦轮质心沿支撑轴轴线方向移动速度和 9s 位移。

（2）从动轮沿主动轮支撑轴方向移动（直动式）　测试计算摩擦轮质心沿 z 轴的移动速度和其角速度。

3.1.2　仿真结果与分析

由表 3-2、表 3-3 可知，摩擦轮沿自身支撑轴方向运动的动力学参数的仿真结果和沿主动轮支撑轴方向运动的仿真结果与理论分析计算一致，而且由表 3-3 可知，随着偏置角 φ 增大，$v_{2\text{r}}$、$v_{2\tau}$（即为 ωR）显著增大。表明理论分析是正确的，构建的轴向位移设计计算方法是准确的。

表 3-2　摩擦轮沿自身支撑轴方向运动的仿真值（斜动式）

参数	仿真值	理论值
摩擦轮接触点摩擦力 F_{S12x}/N	0.31	—
摩擦轮接触点摩擦力 F_{S12z}/N	0.18	—
摩擦轮接触点摩擦力 F_{S12}/N	0.36	—
摩擦力与支撑轴夹角/(°)	89.33	90.00
摩擦轮质心沿轴移动速度 v_x/mm·s^{-1}	5.00	5.00
摩擦轮质心沿轴移动速度 v_z/mm·s^{-1}	−8.65	−8.66
摩擦轮质心沿轴移动速度 v_{1r}/mm·s^{-1}	9.99	10.00
摩擦轮绕支撑轴转动角速度 ω/rad·s^{-1}	0.87	0.87
摩擦轮沿支撑轴移动 9s 位移 S/mm	89.71	90.00

表 3-3　摩擦轮沿主动轮支撑轴方向运动的仿真值（直动式）

参数	偏置角 φ：30°/60°	
	仿真值	理论值
摩擦轮质心沿轴移动速度 v_x/mm·s^{-1}	0.00/0.00	—
摩擦轮质心沿轴移动速度 v_z/mm·s^{-1}	−11.55/−34.63	—
摩擦轮绕支撑轴转动角速度 ω/rad·s^{-1}	1.56/2.00	1.56/2.00
摩擦轮质心移动速度 v_{2r}/mm·s^{-1}	11.55/34.63	11.55/34.64
摩擦轮外圆转动线速度 $v_{2\tau}$/mm·s^{-1}	23.14/40.02	23.09/40.00
v_{2r} 与 $v_{2\tau}$ 之间夹角/(°)	119.94/149.93	120/150

3.2　交错轴摩擦轮传动的动力学仿真

3.2.1　仿真试验模型建立

1. 构件模型建立

利用 ADAMS/View 模块，建立平板、支撑轴和摩擦轮三构件的轮地交错轴摩擦轮传动仿真三维模型，如图 3-2 所示。将平板设成长度为 1000mm、宽度为 500mm、厚度为 10mm 的长方体，支撑轴设置成长度为 300mm、半径 r_0 为 2.49mm、质量为 0.05kg 的圆柱体，摩擦轮设置成轮宽为 60mm、半径 r 为 20mm、质量为 20kg 的圆柱体，并利用三维建模中的布尔差集运算在摩擦轮中心设置半径为 2.5mm 的圆柱孔。设构件材质为钢，偏置角 φ 为 30°。

2. 约束和驱动设置

将平板与地面之间的约束设置成固定副，支撑轴与摩擦轮的组合设置成沿 x 轴方向的移动副。在支撑轴的移动副上添加驱动（即支撑轴移动速度 v），其

方向沿 x 轴负方向，驱动函数设置为 step（time，0，0，1，20），即支撑轴移动速度 v 在 $0\sim1$s 内从 0 加速到 20mm/s，1s 后以 20mm/s 匀速沿 x 轴负方向移动。

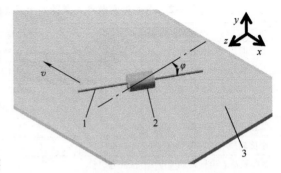

图 3-2　轮地交错轴摩擦轮传动仿真三维模型
1—支撑轴　2—摩擦轮　3—地面

3. 接触参数设置

设置摩擦轮和平板、摩擦轮和支撑轴之间为基于碰撞函数的接触算法，接触参数如表 3-1 所示。

4. 仿真时间设置

仿真时间为 10s，仿真步数为 1000。

5. 摩擦轮动力学参数测试

在无外加载荷和有外加载荷时，测试计算摩擦轮接触点摩擦力及其方向、摩擦轮轮心速度及其方向、摩擦轮角速度以及摩擦轮轮心沿支撑轴轴线方向移动相对速度。外加载荷方式：加轴向载荷分别为 30N、45N、50N、55N，加周向载荷分别为 900N·mm、1000N·mm、1100N·mm，同时加轴向和周向载荷分别为 30N 和 600N·mm。分析计算时段为稳定传动的 $1\sim10$s。

3.2.2　仿真结果与分析

由表 3-4 可知，当摩擦轮不加轴向和周向载荷时，摩擦轮滚动摩擦力很小，为 0.322N，且垂直于支撑轴；轮心绝对速度 v_c 和轮心沿轴移动相对速度 v_r 以及轮绕支撑轴转动角速度 ω_c 的仿真值与理论值一致；摩擦轮做匀速螺旋运动。

当所加轴向载荷（30N、45N）小于滑动摩擦力 49.2N（由 3.1.1 节建模参数计算而得）时，静摩擦力与所加载荷基本相等，静摩擦力基本沿支撑轴轴线方向且与所加载载荷平衡，摩擦轮速度关系与不加载荷时一致；当所加轴向载荷（50N）略大于滑动摩擦力时，静摩擦力 F_s 与所加载荷基本相等，静摩擦力 F_s 基本上沿支撑轴轴线方向且与所加载载荷平衡，摩擦轮轮心绝对速度 v_c 与支撑轴移动速度 v 基本相等，摩擦轮轮心沿轴移动相对速度 v_r 为 1.04mm/s，已接近理论值 0，即摩擦轮从螺旋运动转变成平面运动，相当于摩擦轮轴向运动受限；当所加轴向载荷（55N）大于滑动摩擦力时，交错轴摩擦轮传动失效，摩擦轮作加速运动。

当所加周向载荷（900N·mm）小于滑动摩擦力产生的力矩（984N·mm）

时，静摩擦力产生的力矩与所加载荷基本相等，摩擦轮速度关系与不加载荷时一致；当所加周向载荷（1000N·mm）略大于滑动摩擦力产生的力矩时，静摩擦力产生的力矩与所加载荷基本相等，静摩擦力沿支撑轴轴线方向且与所加载荷平衡，摩擦轮速度关系与不加载荷时一致，但处于临界；当所加周向载荷（1100N·mm）大于滑动摩擦力产生的力矩时，交错轴摩擦轮传动失效，摩擦轮作加速运动。

当同时加载轴向和周向载荷（30N+600N·mm）时，摩擦轮接触点静摩擦力与所加轴向载荷和周向载荷合力平衡，摩擦轮接触点静摩擦力与支撑轴轴线方向夹角为 45.32°，摩擦轮速度关系与不加载荷时一致。

不同加载时的仿真结果与理论分析一致。因此，轮地交错轴摩擦轮传动中，当有外加载荷小于滑动摩擦力（摩擦轮作纯滚动，实现有效传动）时，轮地接触点静摩擦力与轮轴线夹角取决于所加的载荷，仅加轴向载荷时摩擦力基本上接近沿摩擦轮轴线方向，仅加周向（转矩）载荷时摩擦力基本上接近垂直于轮轴线方向，同时加轴向和周向（转矩）载荷时摩擦力与轮轴线夹角取决于所加的载荷比。接触点静摩擦力与外加载荷能自适应平衡。摩擦轮作螺旋运动，摩擦轮轮心移动的绝对速度 v_c 和轮心沿轴移动相对速度 v_r 及支撑轴移动速度 v 之间的关系不受外载的影响。

表 3-4　不同加载仿真结果

参数	不加载	外加载荷						理论值
		轴向载荷 30N	轴向载荷 45N	轴向载荷 50N	周向载荷 900 N·mm	周向载荷 1000 N·mm	同时加载轴向和周向载荷 30N，600 N·mm	
静摩擦力 F_s/N	0.322 ±0.203	29.99 ±0.35	44.96 ±0.77	50.47 ±0.87	46.07 ±0.51	51.15 ±0.41	42.63 ±0.29	
静摩擦力与支撑轴夹角/(°)	90.10 ±1.9	-0.40 ±0.67	0.06 ±1.50	0.15 ±1.24	90.00 ±0.01	90.00 ±0.01	45.32 ±0.35	90（0、45）
轮心的绝对速度 v_c /mm·s⁻¹	17.32 ±0.13	17.34 ±0.32	17.27 ±0.21	20.45 ±0.10	17.31 ±0.18	17.33 ±0.12	17.31 ±0.12	17.32（20）
轮心绝对速度 v_c 与支撑轴夹角/(°)	90.50 ±0.87	89.50 ±0.94	89.94 ±1.50	57.50 ±1.14	90.00 ±0.01	90.00 ±0.01	89.27 ±0.65	90（60）
轮心沿轴移动相对速度 v_r/mm·s⁻¹	10.00 ±0.07	9.86 ±0.33	9.97 ±0.12	1.04 ±0.46	9.99 ±0.11	10.01 ±0.07	9.77 ±0.21	10（0）
轮绕支撑轴转动角速度 ω_c/rad·s⁻¹	0.87 ±0.01	0.87 ±0.02	0.87 ±0.02	0.86 ±0.02	0.87 ±0.01	0.87 ±0.01	0.87 ±0.01	0.87

　　由以上分析可知，交错轴摩擦轮传动的驱动能力与一般摩擦轮传动一样，理论上取决于摩擦轮间的静摩擦系数和接触处压紧力形成的静摩擦力的大小。为确保可靠有效传动，实际设计时驱动力应小于滑动摩擦力。当交错轴摩擦轮有效传动时，摩擦轮接触处所产生的静摩擦力随外加载荷而变化，接触处静摩擦力与所加的外载荷能自适应平衡，静摩擦力方向与从动摩擦轮轴线之间的夹角取决于所加的载荷。当仅加与从动轮轴向一致的载荷时，静摩擦力方向基本上沿从动摩擦轮轴线方向；当仅加与从动轮周向（转矩）一致的载荷时，静摩擦力基本上垂直于从动摩擦轮轴线方向；当从动轮同时加轴向和周向（转矩）载荷时，静摩擦力与从动摩擦轮轴线夹角取决于所加的载荷比值。从动摩擦轮运动参数及与主动轮之间运动关系不受外加载荷的影响。

第 **4** 章

斜动式交错轴摩擦轮传动的应用

转动转换成螺旋运动的斜动式交错轴摩擦轮传动，广泛应用于无心磨床、斜轧穿孔机、矫直机、成形斜轧机、回转体成组斜轮螺旋式轴向输送装置和螺旋钢管加工的输送装置等。其传动原理如图 2-1a 所示，螺旋运动的运动参数关系为表 1-1 中的"交错轴斜动形式"所表示的关系，即从动轮螺旋运动的移动速度等于主动轮接触外圆的线速度与摩擦轮轴间偏置角的正弦值的乘积。

4.1 无心磨床

无心磨床贯穿磨法（Thru – Feed）的基本原理（见图 4-1）是将工件推进，通过磨轮（Grinding Wheel）与调节轮（Regulating Wheel）之间。在贯穿磨法中，工件沿轴线行进通过磨轮，是靠调节轮的推进。其推进的速度须视调节轮的转速 n、直径 d、倾斜的角度 α 等而定。普通调节轮轴与磨轮轴所成角度为 $0° \sim 8°$，工件行进的速度为 $\pi d \sin \alpha$。调节轮与工件之间构成了斜动式的交错轴摩擦轮传动。

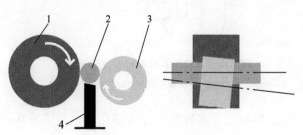

图 4-1　无心磨床贯穿磨法

1—磨轮　2—工件　3—调节轮　4—托架

圆管抛光机原理同无心磨床，适用于圆管、圆棍、细长轴的抛光。长件的自动送入和送出辅助装置也采用两托轮轴线空间交错一定角度，多组组合使长件做螺旋运动前进，实现送入和送出。

4.2 斜轧穿孔机

二辊斜轧穿孔机由德国的曼内斯曼兄弟（Reinhard Mannesmann 和 Max Mannesmann）于 1883 年发明，1886 年用于工业生产，又称曼内斯曼穿孔法，后经瑞士工程师斯蒂菲尔加以完善。它的工作运动情况如图 4-2 所示，左右两个轧辊同向旋转，上下垂直布置的两个导板固定不动，中间一个随动顶头，轧辊轴线和轧制线相交成一个倾斜角，该角称为送进角，可在 6°～12°范围内调整。轧辊与管坯之间构成了斜动式的交错轴摩擦轮传动。无缝钢管斜轧中轧辊曲面设计是产品质量的关键因素。

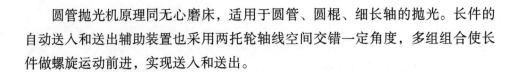

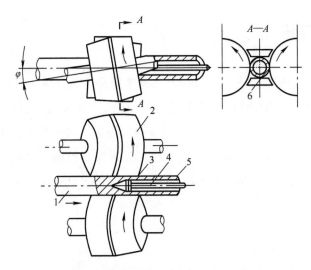

图 4-2 二辊斜轧穿孔机工作运动情况
1—管坯 2—轧辊 3—顶头 4—顶杆 5—毛管 6—导板

轧辊左右布置，导板上下布置的为卧式穿孔机，相反为立式穿孔机。用于无缝钢管的毛管制造。热轧无缝钢管生产工艺流程，如图 4-3 所示。

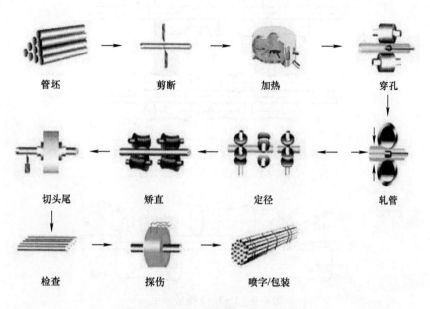

图 4-3 热轧无缝钢管生产工艺流程

管坯　剪断　加热　穿孔
切头尾　矫直　定径　轧管
检查　探伤　喷字/包装

4.3 矫直机

　　矫直机用于矫直圆截面的轧件，矫直辊轴线与轧件轴线保持一定角度，在矫直辊的传动下，轧件既转动又轴向移动，即螺旋前进运动。轧件在螺旋前进过程中各断面受到多次弹塑性弯曲，最终消除各方面的弯曲和断面的椭圆度。对于圆截面的轧材，斜辊矫直是最有效的矫直方式。斜辊矫直机按辊子数量可分为二辊（见图 4-4）、三辊和多辊矫直机，其中 2 - 2 - 2 - 1 型七辊矫直机和 2 - 2 - 2 型六辊矫直机（见图 4-5）和 3 - 1 - 3 型斜辊矫直机（见图 4-6），数量较多，应用较广。

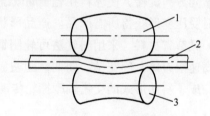

图 4-4 二辊矫直机

1—凸形矫直辊　2—被矫直的轧件
3—凹形矫直辊

　　轧件的前进速度（矫直速度）v_s 为 $v_0 \sin\alpha$，轧件的转动线速度 $v_0 \cos\alpha$，其中 v_0 为矫直辊与轧件接触处的传动线速度，α 为矫直辊轴线与轧件轴线之间的夹角。矫直辊与轧件之间构成了斜动式的交错轴摩擦轮传动。

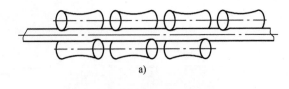

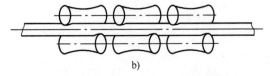

图4-5 2－2－2－1和2－2－2型矫直机

a）2－2－2－1型 b）2－2－2型

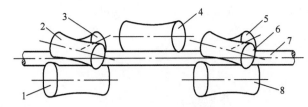

图4-6 3－1－3型矫直机

1、8—主动辊 2、3、5、6—空转辊 4—中间压力辊 7—被矫直的轧件

4.4 成形斜轧机

斜轧亦称螺旋斜轧。它是轧辊轴线与坯料轴线相交一定角度的轧制方法，如图4-7所示。螺旋斜轧采用两个带有螺旋型槽的轧辊，互相交叉成一定角度，并做同方向旋转，使坯料在轧辊间既绕自身轴线转动，又向前进，即螺旋运动，同时受压变形获得所需产品。产品形状由型槽决定，轧制过程连续进行，效率高，又节省材料。采用斜轧法可轧制钢球、冷轧丝杠、纺织机纱锭、带螺旋线的高速滚刀体、麻花钻、周期性圆截面型材等，如图4-8所示。轧辊与坯料之间构成了斜动形式的交错轴摩擦轮传动。

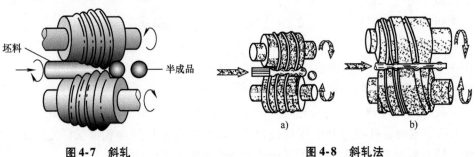

图4-7 斜轧

图4-8 斜轧法

a）斜轧钢球 b）轧制周期性圆截面型材

4.5　回转体成组斜轮螺旋式轴向输送装置

无心磨床送料、回转体（钢管、圆棒）热处理的工件输送、钢管除锈、钢管表面防腐、钢管抛丸处理、螺旋钢管或螺旋焊管输送等设备中，采用螺旋输送辊道，输送辊道的辊道轴线与工件轴线成一定夹角，工件一边自转，一边沿自身轴线匀速前进。辊道（斜轮）与工件之间构成了斜动式的交错轴摩擦轮传动，其原理如图 4-9 所示。

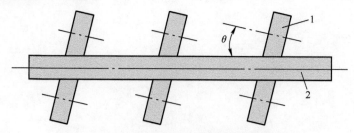

图 4-9　成组斜轮螺旋式轴向输送装置原理

1—辊道（斜轮）　2—工件

图 4-10 所示为一种应用于钢管抛丸旋转辊道（专利号：202021883810.3）。

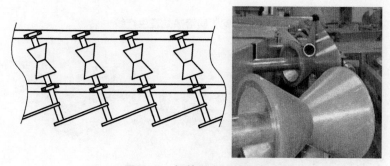

图 4-10　钢管抛丸旋转辊道

图 4-11 所示为主要用于管道外防腐生产线中钢管的螺旋传输辊道（图自廊坊市鼎盛机械设备有限公司网站），输送辊道中心距和偏置角可调。

图 4-12 所示为钢管固溶热处理生产线（图自河北远拓机电设备制造有限公司网站），其中输送辊道分为进料组、感应器组和出料组，输送辊道的辊道轴线与工件轴线之间夹角为 18°~21°，钢管一边自转，一边沿自身轴线匀速前进。

图 4-13 所示为无心磨床长工件送料和出料输送的滚轮式送料机（图自常州赢世自动化设备有限公司网站），滚轮轴线与工件轴线之间成一定夹角，工件一边自转，一边沿自身轴线匀速前进。

图 4-11　钢管的螺旋输送辊道

图 4-12　钢管固溶热处理生产线

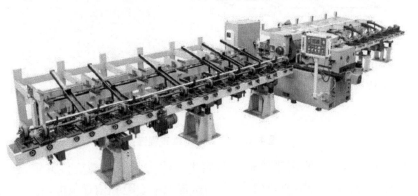

图 4-13　无心磨床长工件送料和出料输送的滚轮式送料机

4.6　螺旋钢管加工的输送装置

螺旋钢管又称螺旋焊管，是将低碳钢或低合金结构钢钢带按一定的螺旋线的角度（称为成型角）卷成管坯，然后将管缝焊接起来制成的，它可以用较窄的带钢生产大直径的钢管。图 4-14 所示为螺旋钢管生产过程，图 4-15 所示为螺旋钢管加工中斜轮输送传动，图 4-16 所示为螺旋焊管机组输出辊道。

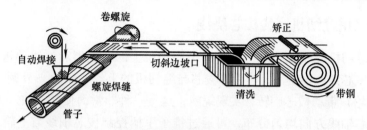

图 4-14　螺旋钢管生产过程

图 4-15　螺旋钢管加工中斜轮输送传动

a）焊接中斜轮输送传动　b）割断后斜轮输送传动

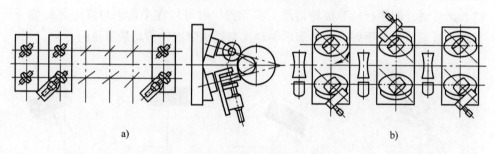

图 4-16　螺旋焊管机组输出辊道

a）横向斜面移动单列式传动输出辊道　b）支撑辊形式与 V 型单独辊道联合组合辊道

4.7　其他应用

4.7.1　两个手指搓动一小块面包

有人说曼内斯曼兄弟发明无缝钢管斜轧工艺起源于一个非常偶然的事情。有一次两人吃早餐时，哥哥 Reinhard Mannesmann 完全沉入了深思，同时在两个手指间搓动一块面包，从而联想到了生产无缝钢管的方法。两个手指间搓动一块面包构成了斜动式（轮地）交错轴摩擦轮传动。

4.7.2 家用缝纫机底线梭芯绕线

家用缝纫机底线梭芯绕线，一般用缝纫机上的绕线器和过线架进行绕线，但有时将梭芯穿在锥子上，然后将梭芯与缝纫机的上轮（手轮）外圆接触，由上轮（手轮）带动梭芯旋转，实现绕线，这是一种非常简便的方法。为了保证绕线在梭芯轴线方向均匀分布，可通过锥子手柄控制梭芯轴线与上轮（手轮）轴线之间（空间交错）的夹角实现。梭芯与上轮（手轮）构成了斜动式交错轴摩擦轮传动。

4.7.3 简易斜动式轮地交错轴摩擦轮传动

如图4-17所示，一个小轮子通过中心孔套在圆柱杆上，小轮子与圆柱杆之间可以相对移动和转动。手持圆柱杆与小轮子组合压紧桌面上并使圆柱杆的轴线与移动方向偏置一个角度。当圆柱杆移动时，小轮子将相对于圆柱杆轴线做螺旋运动（转动和移动）；当桌面移动而圆柱杆不动时，小轮子也将相对于圆柱杆轴线做螺旋运动（转动和移动），即小轮子和圆柱杆及桌面构成了斜动式轮地交错轴摩擦轮传动。当偏置角度为0°时，小轮子仅相对于圆柱杆轴线作转动而无移动，即平行轴摩擦轮传动。实际操作时可以在小轮子与桌面之间垫一层纸或纸板，效果更好。这是演示斜动式交错轴摩擦轮传动最简易的方法。

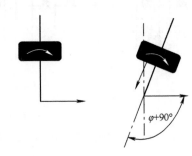

图 4-17　简易斜动式轮地交错轴摩擦轮传动

4.7.4 基于交错轴摩擦轮传动的精密光轴微调装置

图4-18所示为基于交错轴摩擦轮传动的精密光轴微调装置结构（专利号：202210890662.5），包括基座、楔镜组件、轴承座、驱动组件和控制器组件等组成。楔镜组件包括楔镜固定架（从动摩擦轮）和楔镜，驱动组件包括（主动）

摩擦轮。基座为中空结构，轴承座固定在基座内侧中部，轴承座两侧安装有楔镜组件。基座底部两侧安装有驱动组件，楔镜固定架（从动摩擦轮）与（主动）摩擦轮形成交错轴摩擦轮传动机构。控制器组件安装在基座顶部，控制器组件与上位机通信，并控制驱动组件运行。根据摩擦轮的结构特点，将驱动组件水平或倾斜固定于基座内，通过调整驱动组件与基座的相对角度位置，即实现了主动轮与从动轮之间交错角的定量调整；进而调整交错轴摩擦轮传动的减速比，且两组楔镜组件进行同轴独立旋转，即在两驱动组件和交错轴摩擦轮传动的共同作用下，实现楔镜的高分辨率运动，完成光轴微调。精密光轴微调装置是精密光束指向调整系统中的核心部件，能够精细改变光束传播方向，可应用于激光通信、航空航天、激光雷达、自适应光学补偿、激光对准、智能制造等领域。

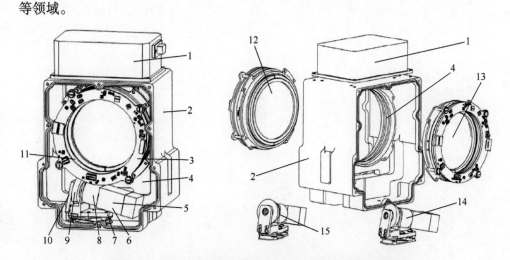

图 4-18　基于交错轴摩擦轮传动的精密光轴微调装置结构

1—控制器组件　2—基座　3—楔镜组件　4—轴承座　5—驱动组件　6—电动机　7—电动机固定座
8—行星减速器　9—（主动）摩擦轮　10—轴承压板　11—楔镜固定架（从动摩擦轮）
12—第一楔镜组件　13—第二楔镜组件　14—第二驱动组件　15—第一驱动组件

第**5**章

直动式交错轴摩擦轮传动的应用

转动转换成直线运动的直动式交错轴摩擦轮传动，在精密定位传动、管道机器人、直线移动送料、远距离输送和缠绕作业等工程上得到了广泛应用，并在精密定位传动的应用方面也取得了进展。其传动基本原理如图 2-1b 和图 2-1c 所示，其输出运动的运动参数关系为表 1-1 中的"交错轴直动形式"所表示的关系，即从动轮螺旋运动的移动速度等于主动轮接触外圆的线速度与摩擦轮轴间偏置角的正切值的乘积。

5.1 精密定位传动

20 世纪 90 年代，日本学者 Mizumoto H（水本洋）提出了应用于精密定位传动的扭轮摩擦传动（Twist – roller Friction Drive），如图 5-1 所示，并进行了运动学和动力学特性的系统研究；秦付军等将光杆螺旋传动机构应用于大量程、亚微米级微位移工作台系统，对其导程精度和影响因素进行了研究；罗兵、李圣怡、田军委等将扭轮摩擦驱动定位技术应用于精密和超精密机床的设计。目前利用直动式交错轴摩擦轮传动实现精密定位传动的技术在三坐标测量机、影像测量仪中得到了广泛应用。

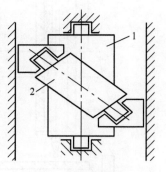

图 5-1　扭轮摩擦传动
1—驱动轴　2—扭轮

5.1.1 三坐标测量机

三坐标测量机的 z 轴结构如图 5-2 所示。z 轴驱动部分采用光轴斜轮式传动，是由步进电动机、斜轮及斜轮座、光轴构成。光轴斜轮式传动机构（见

图 5-3）的斜轮的轴线与光轴的轴线构成的空间交错夹角为 α，因此，斜轮的旋转平面和光轴的旋转平面也有一个夹角（偏角）α。当光轴转动时，在光轴与斜轮之间接触点摩擦力作用下，形成斜轮绕自身轴线的自转和沿光轴轴线方向的移动，即构成了直动式交错轴摩擦轮传动。每个斜轮座上下各有三个斜轮，围绕着光轴成 120°均匀分布。斜轮座与 z 轴的顶端通过一块钢片相连。步进电动机带动光轴转动时，斜轮沿光轴做上下移动并做自身转动，从而带动 z 轴做 z 方向的运动。这种光轴斜轮式摩擦传动除具有摩擦传动的优点以外，还有自身的一些优点：①摩擦轮可开可合，可以方便地控制运动和停止；②可以无级调速，滑座的移动速度可以通过调整摩擦轮（斜轮）的偏角 α 来改变：若 $\alpha = 0$，即斜轮的轴线与光轴轴线平行时，滑座移动速度为 0；当斜轮偏角为 α 时，滑座移动速度为 $v\tan\alpha$，其中 $v = 2\pi Rn/60$，R 为光轴半径，n 为光轴转速（r/min）。调整斜轮的偏角 α，不仅可以调节滑座移动速度，而且可以实现微动。

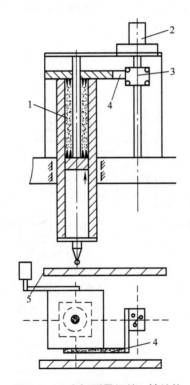

图 5-2　三坐标测量机的 z 轴结构

1—气缸　2—步进电动机　3—斜轮及斜轮座
4—连接钢片　5—光栅尺

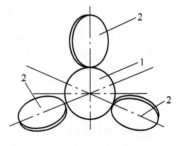

图 5-3　光轴斜轮式传动机构

1—光轴　2—斜轮

5.1.2　影像测量仪

图 5-4 所示为光学影像测量仪（专利号：202022993663.1）。其载物台主要由上板、中板、底座、玻璃、x 轴无牙螺杆座、x 轴无牙螺母、x 轴无牙螺杆、x 轴手轮摇杆、x 轴螺母扳手、x 轴导轨、y 轴无牙螺杆座、y 轴无牙螺母、y 轴无牙螺杆、y 轴手轮摇杆、y 轴螺母扳手、y 轴导轨等组成。

图 5-4 中，上板安装于中板上的 x 轴导轨上，x 轴无牙螺杆与 x 轴无牙螺母通过安装在上板正面两端的两只 x 轴无牙螺杆座支撑，x 轴无牙螺杆的一端与 x 轴手轮摇杆相连，而 x 轴无牙螺母与中板侧边连接，工作时掰开 x 轴螺母扳手，转动手轮摇杆，带动 x 轴无牙螺杆旋转，通过 x 轴无牙螺母将旋转运动转化为直线运动，从而带动上板在 x 轴导轨上移动，当到达所要求的位置时，锁紧 x 轴螺母扳手，即完成 x 轴方向的移动。

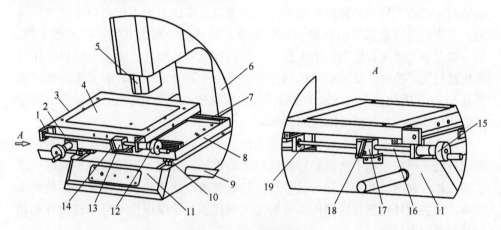

图 5-4　光学影像测量仪

1—x 轴无牙螺杆座　2—x 轴无牙螺母　3—上板　4—玻璃　5—相机镜头模组　6—支撑机架　7—x 轴导轨
8—中板　9—抬杆　10—y 轴导轨　11—底座　12—x 轴手轮摇杆　13—x 轴无牙螺母　14—x 轴螺母扳手
15—y 轴手轮摇杆　16—y 轴无牙螺母　17—y 轴无牙螺母　18—y 轴螺母扳手　19—y 轴无牙螺杆座

图 5-4 中的 A 向视图中，中板安装于底板上的 y 轴导轨上，y 轴无牙螺杆与 y 轴无牙螺母通过安装在底板侧面的两只 y 轴无牙螺杆座支撑，y 轴无牙螺杆的一端与 y 轴手轮摇杆相连，而 y 轴无牙螺母与底板侧边连接，工作时掰开 y 轴螺母扳手，转动手轮摇杆，带动 y 轴无牙螺杆旋转，通过 y 轴无牙螺母将旋转运动转化为直线运动，从而带动中板在 y 轴导轨内移动，当到达所要求的位置时，锁紧 y 轴螺母扳手，即完成 y 轴方向的移动。

其中，x 轴、y 轴的无牙螺母与螺杆组合体的结构原理示意如图 2-9 所示，其传动原理属于直动式交错轴摩擦轮传动。

5.1.3 精密定位传动研究

扭轮摩擦传动原理其实就是直动式交错轴摩擦轮传动。

Mizumoto H 采用扭轮摩擦传动机构与气浮导轨技术组成大行程、高精度的定位系统,并且实现了 0.2nm/100mm 的定位分辨率。在该系统中,扭轮摩擦传动机构的导程为 $60\mu m$,步进电动机的每转脉冲数为 12800,每一脉冲工作台的位移即定位分辨率为 $60\mu m/12800$,工作台的行程为 30mm。此后,他又提出了扭轮摩擦传动机构的简单化设计问题,采用了球轴承支撑扭轮。从动扭轮的支撑是通过四个预紧的角接触球轴承来实现的,三个扭轮施加了预紧力紧压在驱动轴上。扭轮与驱动轴的表面都经过镀铬处理,并且通过精密磨削到亚微米级精度。要减小机构的导程,可以通过倾斜扭轮轴轴孔来获得微小的(扭轮与驱动轴的)角度,即交错轴摩擦轮传动的偏置角。定位系统工作台由空气导轨导向,工作台与导轨都是由钛酸铝陶瓷做成。驱动轴一端由空气径向轴承支撑,另一端由空气径向和推力轴承支撑,并与伺服电动机相连,驱动电动机采用计算机进行闭环控制,驱动电动机的分辨率为一千万分之一转,名义定位分辨率是 0.01nm。因此,采用球轴承支撑的扭轮摩擦传动系统工作台,其定位分辨率可以达到 0.5nm,行程可以达到 300mm。

国防科技大学精密工程研究室李圣怡、戴一帆、罗兵等对扭轮摩擦传动的理论进行了研究,基于精密和超精密机床的设计,研制了扭轮摩擦传动的一维实验工作台和两维共面气浮导轨平台,并系统地开展了超精密扭轮摩擦传动动力学、紧凑构件化扭轮摩擦传动机构优化设计和扭轮摩擦传动机构的闭环超精密控制系统等研究。

西安工业大学田军委等系统地开展了扭轮摩擦传动机构动力学分析、扭轮摩擦传动静力学分析、波动载荷下扭轮摩擦传动机构的导程分析、超精密传动系统电动机驱动器系统性能测试、扭轮摩擦超精密传动机构设计、传动轴误差对扭轮摩擦传动运动性能的影响和整体式压力可调扭轮摩擦传动机构等研究。

重庆大学秦付军、杨世雄开展了大量程、亚微米级微位移工作台系统的研究,研制了一个气浮导轨工作台系统,将光杆螺旋传动机构(即直动式交错轴摩擦轮传动机构)应用于该工作台系统,并对光杆螺旋传动机构的导程精度和影响因素进行了研究。经过导程精度测试和影响因素分析研究表明,影响传动机构导程的因素主要包括:①光杆的加工误差,其中尺寸误差影响最大,依次是偏心、圆柱度误差,粗糙度的影响可忽略不计;②滚动轴承轴线与光杆轴线夹角的一致性和稳定性,夹角稳定性又包括主动轮轴线位置的稳定性及滚动轴承侧隙引起的夹角误差；③光杆由于自重引起的挠度。还提出了提高导程精度措施：①选用高精度级别的滚动轴承；②尽量提高光杆加工精度；③调整三个滚动轴承位置，使光杆轴线在工作台全行程范围内保持为一水平线。

5.2　管道机器人

管道机器人作为工业机器人的一个主要研究分支，日益受到重视。管道机器人可分为管内机器人和管外机器人，目前管内行走机器人研究较多，而对管外机器人的研究相对较少。在管道机器人中，行走驱动机构的种类很多，其中螺旋运动式驱动机构具有结构简单、适应性强、制造成本低、行走效率高等特点。

5.2.1　螺旋运动式驱动机构组成

螺旋运动式驱动机构的主要组成部分为驱动电动机、驱动机构和保持机构。驱动轮均匀分布于轮架上，并与轮架铰接（由 3 组 6 个驱动轮呈 120°均匀分布），并与管壁呈一定的倾斜角（偏置角）θ，即驱动轮与管壁形成了直动式交错轴摩擦轮传动。当电动机通电时，电动机轴带动轮架转动，使驱动轮沿管壁做螺旋运动。保持机构的轮子（导向轮）压紧在管壁上，在导向轮摩擦力的作用下不能旋转而只能沿管道轴线移动，防止电动机外壳反向转动。因此，随着电动机的转动，驱动机构做螺旋运动，保持机构沿管道中心轴线移动。

螺旋运动式管道机器人的研究始于 1994 年，Iwashina 和 Iwatsuki 的团队首次展示了一种螺旋管道机器人的设计，原理如图 5-5 所示。螺旋运动式管道机器人已成为一个研究热点。

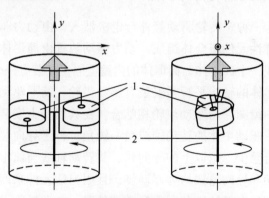

图 5-5　一种螺旋管道机器人的设计原理

1—驱动轮　2—驱动臂

5.2.2 驱动机构运动分析

1. 管内机器人

由式（2-5）可知，螺旋运动式驱动机构移动速度为

$$v = \omega_{m}(D - d)\tan\theta/2$$

由式（2-6）可知，驱动轮的角速度为

$$\omega = \omega_{m}(D - d)/(2d\cos\theta)$$

式中　v——管内机器人移动速度；

　　　ω_{m}——驱动电动机（驱动轮架）角速度；

　　　D——管道内径；

　　　d——驱动轮直径；

　　　θ——驱动轮对管壁倾斜角（偏置角）。

2. 管外机器人

由式（2-5）可知，螺旋运动式驱动机构移动速度为

$$v = \omega_{m}(D + d)\tan\theta/2$$

由式（2-6）可知，驱动轮的角速度为

$$\omega = \omega_{m}(D + d)/(2d\cos\theta)$$

式中　v——管外机器人移动速度；

　　　ω_{m}——驱动电动机（驱动轮架）角速度；

　　　D——管道外径；

　　　d——驱动轮直径；

　　　θ——驱动轮对管壁倾斜角（偏置角）。

5.2.3 螺旋运动式驱动管外机器人

图 5-6 所示为一种螺旋轮驱动管外行走机器人，由动力驱动装置、行走导向装置及其连接弹性元件组合体组成。动力驱动装置由筒形体和筒形驱动主体通过滚动轴承构成一个回转体，筒形体的内壁上固定安装有一个以上的电动机，电动机机轴与筒形体的轴线平行并安装有驱动齿轮；筒形驱动主体内壁的一端固定安装有一个内齿圈并与驱动齿轮相啮合，在其内壁上安装一组驱动轮，且其转动轴线与筒形驱动主体的转动轴线呈一锐角。行走导向装置的筒形导向主体的内壁上安装有至少二组以上的导向轮，其转动轴线与筒形导向主体的轴线相互垂直。安装架和导向轮架均为浮动体，且用弹性元件来产生一定的径向胀缩量，使驱动轮和导向轮始终贴紧于管道的外壁。电动机驱动后能使机器人沿管道轴线方向前进或后退，可用于各种管道、大桥斜拉索的管外质量检测、维

护修复等作业。

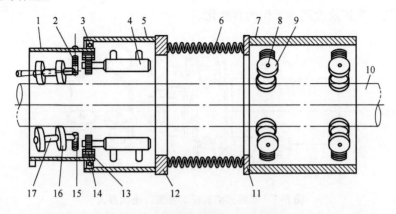

图 5-6　螺旋轮驱动管外行走机器人

1—筒形驱动主体　2—弹簧　3—滚动轴承　4—驱动电动机　5—筒形体　6—连接转向弹簧　7—导向主体
8—导向轮架　9—导向轮　10—管道　11、12—固定连接环　13—内齿圈　14—驱动齿轮　15—安装架
16—驱动轮　17—横轴

　　该机器人与现有的管外机器人相比，具有如下特点和优势：①该机器人为连续行走方式，结构简单，安装方便，控制方便，加工制造成本低，同时牵引力大，行走效率高；②由于动力驱动装置与行走导向装置之间使用弹性可弯曲元件连接，机器人可以在曲率较大的弯管（如 T 型或 L 型管）外灵活自如地行进；③采用弹簧等弹性元件使所有轮子紧贴于管道外壁，使该机器人可以在半径有变化的管道外行进，同时起到避振作用，使得运行更加平稳，且在竖直的或者截面并非严格圆形的管道外也可顺利行进。

5.2.4　螺旋运动式驱动管内机器人

　　图 5-7 所示为一种螺旋运动式驱动管道行走机器人，由动力驱动装置、行走导向装置以及连接这两部分的万向节组成。动力驱动装置由电动机和圆形转子构成，圆形转子的外壁上分别安装有三组呈对称布置的轮架，每组轮架上装有两个轮子，其转动轴线与转子的轴线呈一锐角倾斜角。行走导向装置由一圆柱或圆筒的外壁上安装三组对称布置的导向轮架组成，每组导向轮架上安装两个轮子，其转动轴线与圆柱或圆筒形体的轴线相互垂直。动力驱动装置的转子上的轮架和行走导向装置上圆柱或圆筒的导向轮架均为浮动体，且用弹簧来产生一定的径向胀缩量使轮架和导向轮架上的所有轮子始终贴紧于管道的内壁。电动机驱动后能使管道行走机器人沿管道轴线方向前进或后退。

　　若在电动机外壳或端部加装摄像头、清洗工具或者探伤设备，并配置无线电控制装置，再利用无线视频传输成像等技术手段，就可使该管道机器人实现管道安装、维护及检测等工作的智能化。

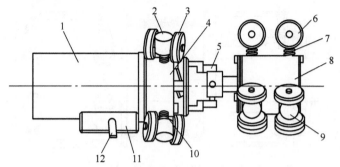

图 5-7　螺旋运动式驱动管道行走机器人

1—电动机　2—轮架　3、6—轮子　4—转子　5—万向节
7、10—弹簧　8—圆柱或圆筒　9—导向轮架　11—无线电控制装置　12—探伤设备

图 5-8 为一种适用于输送石油、天然气等埋藏于地下、管线复杂的管道内壁缺陷检测工作的机器人，其能够自适应管径发生微小变化的情况并越过微小障碍，对中小直径的 90°极限弯道和竖直管道都具有良好的通过性。

图 5-8　管道内壁缺陷检测机器人

5.3　其他工程应用

5.3.1　柴油机调速杆驱动装置

某种柴油机中利用 4 个滚动轴承与光轴轴线偏置内接触形成的光轴螺旋传动产生的轴向移动驱动调速杆遥控柴油机的转速，如图 5-9 所示。

5.3.2　扩散炉送片装置

某扩散炉上利用 2 组 6 个滚动轴承与光轴轴线偏置外接触形成的光轴滚动螺旋传动实现送片装置直线运动，如图 5-10 所示。

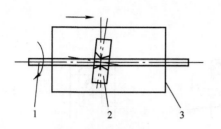

图 5-9　光轴螺旋传动

1—光轴　2—滚动轴承　3—壳体

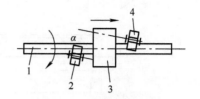

图 5-10　滑动螺旋杆传动

1—光轴　2—轴承 1

3—滑块（台）　4—轴承 2

5.3.3　夹具输送小车的驱动装置

冰箱发泡线上夹具输送小车的驱动装置采用一组斜轮与光轴轴线偏置外接触形成的斜轮－光轴摩擦传动实现小车移动，如图 5-11 所示。

斜轮通过安装板及立轴安装在被驱动机械上（被驱动机械多是小车，以下称小车），并被压紧弹簧压在光轴上。当电动机驱动光轴旋转时，在摩擦力的作用下斜轮与光轴一起旋转。外力将斜轮转动一个角度 α 时，光轴与斜轮间的运动关系随之改变，推动小车运动。当外力消除后，斜轮在扭力弹簧作用下回到平衡位置，小车运动停止。

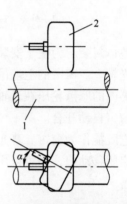

图 5-11　斜轮－光轴摩擦传动机构

1—光轴　2—斜轮

当光轴直径和转速一定时，小车运动的速度及驱动力的大小取决于斜轮轴线与光轴轴线之间的夹角，通过调整夹角的大小即可调整小车的运动速度。

5.3.4　帘、门、窗自动开合装置

利用摩擦轮与光轴轴线偏置外接触形成的旋转光轴直线驱动装置可实现帘、门、窗的自动开合。

如图 5-12 所示，窗帘自动开合器由外壳、摩擦轮、两块支承板和吊挂并驱动窗帘自动开合器的旋转光轴所组成。摩擦轮的母线采用双曲线，以满足摩擦轮与光轴之间为线接触，与光轴接触的摩擦轮表面浸涂橡胶材料。摩擦轮支承在两块支承板上，能灵活转动，并与光轴的轴线保持斜交角 α。待摩擦轮、支承板装好在外壳中后，利用外壳下面的局部翻边封口，使支承板固定在外壳内，

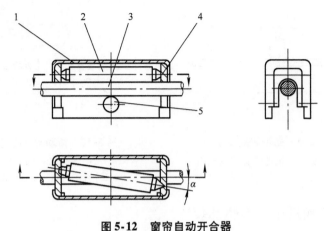

图 5-12　窗帘自动开合器
1—外壳　2—摩擦轮　3—光轴　4—支承板　5—挂窗帘孔

完成整体封装。为便于安装使用，外壳和支承板的下面是开口的，它可直接摆放在光轴上。窗帘的上端吊挂在外壳的挂窗帘孔内，窗帘的重量使得窗帘自动开合器内的摩擦轮压在光轴上，当光轴正反向旋转时，便驱动窗帘自动开合器带动窗帘自动开合。

它既能作为窗帘、幕布等物件的驱动装置，又能应用于日常生活设施，如自动启闭移动门，还可以用于设计制造现代物流装备、自动线上输送物品等生产设备。

5.3.5　缠绕线（丝、带）机

被驱动件由与之接触并施加一定法向载荷的驱动轮驱动实现螺旋轴向进给运动。驱动轮只做回转运动，工件即被螺旋向前推进，从而获得工艺所需要运动，如图 5-13 所示。为实现被驱动件受力均匀，图 5-13 中采用了三组驱动轮均匀分布在同一圆周方向，可以同步夹紧，驱动轴转速相同且同向回转。

5.3.6　显微镜微调机构

显微镜微调机构又称为球状无心轮摩擦螺旋传动机构，如图 5-14 所示。

该机构利用球状摩擦轮将套与轴的相对转动变换为它们的相对移动。成对的球状摩擦轮用细杆连接成哑铃形构件，没有轴承，故称为"无心轮"。套为薄壁结构，具有良好弹性，使球状摩擦轮与套及轴保持紧密的有预应力的接触。两球轴心连线对轴线有微小倾角。调节内套的相对位置（用螺钉固定）可改变倾角及传动的导程。

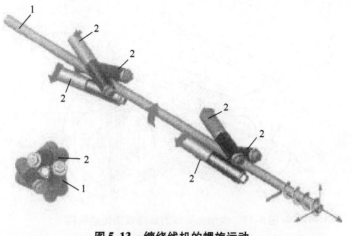

图 5-13　缠绕线机的螺旋运动

1—被驱动件　2—驱动件

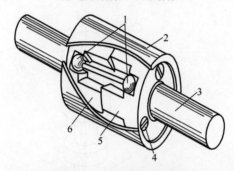

图 5-14　显微镜微调结构

1—套　2—摩擦轮　3—轴　4、5—调节内套　6—螺钉

5.3.7　传动比可调的摩擦螺旋传动机构

传动比可调的摩擦螺旋传动机构，如图 5-15 所示，该机构输出运动的速度和方向均可调。

一对摩擦轮（图 5-15 中只可见其中一个）装在各自的转块内，对称于轴布置，分别用气缸（或改用碟形弹簧）加压。气缸有进气口及薄膜，转块的径向周边有滚针，端面有推力轴承。柄经轴及其下端的一对球形短柱（图 5-15 中只可见其中一个）可以拨动转块的叉状部位，从而使转块绕 x 轴转动，改变轮轴线 z' 的倾角（即 z' 相对于轴的轴线 z 的角度），使传动比和传动方向发生变化。

5.3.8　往复运动摩擦轮机构

往复运动摩擦轮机构又称为自动磨刀式服装裁剪和磨刀架长距离往复运动摩擦轮机构，如图 5-16 所示。

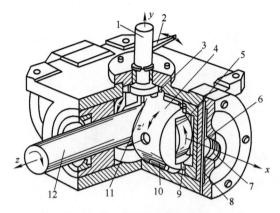

图 5-15　传动比可调的摩擦螺旋传动机构

1、12—轴　2—柄　3—球形短柱　4—转块　5—摩擦轮　6—缸
7—进气口　8—薄膜　9—推力轴承　10—滚针　11—叉状部位

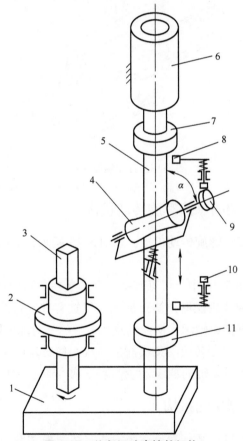

图 5-16　往复运动摩擦轮机构

1—工作台　2—主动齿轮　3—方轴　4—摩擦轮　5—光轴　6—轴承
7—压块　8—碰块　9—换向轮　10—下碰块　11—下压块

工作台里面的一对啮合齿轮，在方孔主动齿轮的驱动下，使光轴连续转动。在图 5-17 所示状态下，摩擦轮的轴线与光轴的轴线之间的夹角 α 小于 90°。因此，光轴转动时，摩擦轮随之转动，光轴在其上摩擦力的作用下，相对于轴承向下移动。当光轴下降到一定位置时，其上的压块通过上碰块向下撞击换向轮，而摩擦轮轴摆动到大于 90° 的位置，因为光轴仍按原来方向转动，而其上摩擦力使之向上移动，直至下压块通过下碰块撞击换向轮使角 α 小于 90°，机构又恢复到开始的状态。

改变上压块和下压块相对光轴的位置，可调整工作台往复行程的大小。

5.3.9　平行轴摩擦轮传动的从动轮轴向窜动

放射治疗设备中大型精密重载摩擦轮传动装置的滚筒（见图 5-17）、焊接滚轮架上的工件（见图 5-18）、冶金建材等行业的回转窑筒体（见图 5-19）、大型天文望远镜高精度摩擦传动装置的从动摩擦轮部件普遍存在轴向窜动。

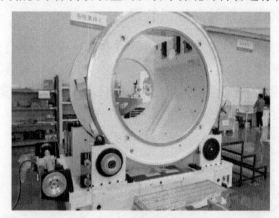

图 5-17　放射治疗设备中大型精密重载摩擦轮传动装置的滚筒

图 5-18　焊接滚轮架上的工件

这些传动中理论上驱动摩擦轮和从动摩擦轮轴线是平行的，但实际上由于受加工和安装精度的影响，两轮轴线并不平行，两轴线之间存在偏转角，在传动过程中构成了直动式交错轴摩擦轮传动，从动摩擦轮（或工件）表现为螺旋运动形式的窜动。因此，产生轴向窜动的主要原因是驱动摩擦轮（或滚轮）轴线与从动摩擦轮（或工件）轴线不平行。

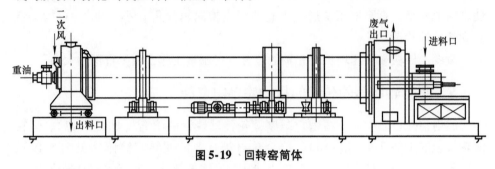

图 5-19　回转窑筒体

5.3.10　无心磨床工件轴向输送装置

图 5-20 所示为无心磨床上所用的摩擦式连续送料器。圆柱形辊子和圆锥形辊子的一边母线平行排列，由电动机通过减速器和皮带传动做同方向回转。工件在两个辊子上由于摩擦力的带动而不停地回转，以保持向前运送时的稳定性，同时工件做前进运动，即螺旋运动。其传动基本原理见图 2-1b。

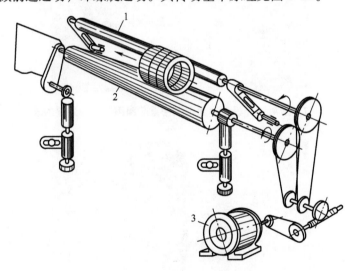

图 5-20　摩擦式连续送料器

1—圆柱形辊子　2—圆锥形辊子　3—电动机

5.3.11　一种开门装置

1889 年美国专利（US402674 "机械运动"）公开了斜轮与光轴的传动装置，如图 5-21 所示；1940 年美国专利（US2204638 "开门机构"）公开了斜轮与光轴的传动装置应用于开门机构，如图 5-22 所示。

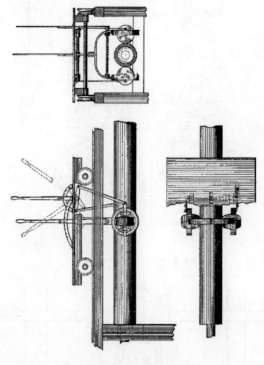

图 5-21　"机械运动"

5.3.12　旋转与移动转换传动装置

1. 圆盘与辊子传动装置

圆盘与辊子传动装置（Disk and roller drive mechanism）如图 5-23 所示，输入辊子与圆盘两者轴线之间空间成一定角度，圆盘被板簧压在输入辊子上，可将辊子旋转运动转换为与输入辊子平行的直线运动（移动）。通过改变圆盘的角度，可改变移动速度。

2. 轴承和辊子传动装置

轴承和辊子传动装置（Bearing and roller drive mechanism）如图 5-24 所示，输入辊子轴线与三个滚珠轴承轴线之间空间成一定角度，三个滚珠轴承内圈与输入辊子接触（轴承内圈在一侧或另一侧接触）并压紧，改变轴承的角度需要齿轮

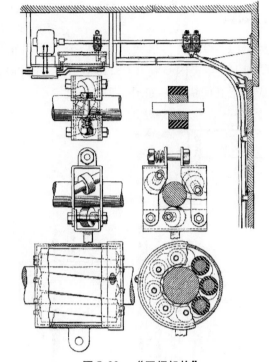

图 5-22 "开门机构"

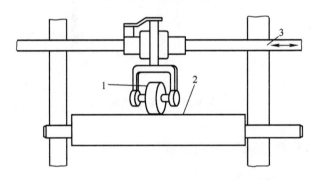

图 5-23 圆盘与辊子传动装置

1—圆盘 2—输入辊子 3—输出部件

装置来实现。这种装置与图 5-23 类似，通过使用三个滚珠轴承代替单个圆盘。

3. 旋转移动转换传动机构的应用

图 5-23、图 5-24 与 1956 年美国专利（US2940322 "Rotary translatory motion drive gear"）中公开的图相似。在该专利中介绍了这种机构可应用于机床刀架的驱动（见图 5-25）、记录设备（记录笔架）的驱动（见图 5-26）、显微镜镜筒移动（见图 5-27）、钻床钻头架移动（见图 5-28）和活塞移动（见图 5-29）等。

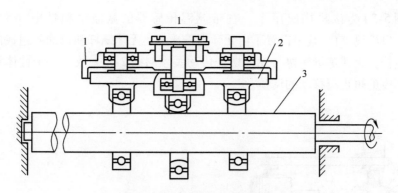

图 5-24　轴承和辊子传动装置

1—输出部件　2—齿轮装置　3—输入辊子

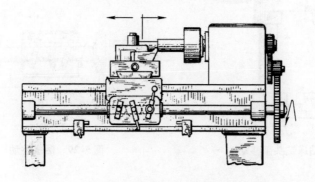

图 5-25　机床刀架的驱动

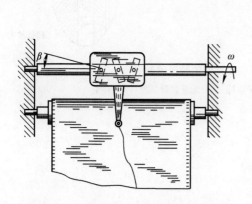

图 5-26　记录设备（记录笔架）的驱动

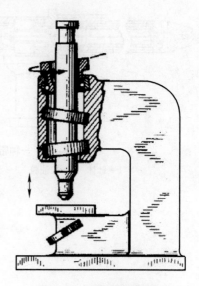

图 5-27　显微镜镜筒移动

图 5-30 为该机构应用于一种带测温传感器的微波消融针中（专利号：202220437979.9）。其中设置了由无牙螺母活塞、无牙螺杆和控油腔组成的精确调节机构，无牙螺母活塞与无牙螺杆传动关系与图 2-9 一致，用于针体和针头的高精度的短距离移动的调整。

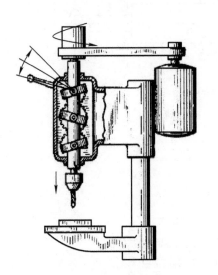

图 5-28 钻床钻头架移动

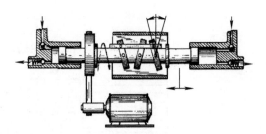

图 5-29 活塞移动

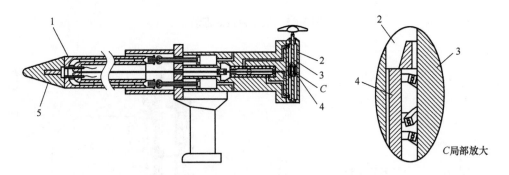

图 5-30 一种带测温传感器的微波消融针

1—针体 2—控油腔 3—无牙螺杆 4—无牙螺母活塞 5—针头

第 **6** 章

卵形体农产品大小头自动定向中的轴向分列运动分析

禽蛋在输送辊上的轴向运动是机械式禽蛋大小头自动定向排列装置实现定向的关键，其机理研究是禽蛋大小头自动定向排列系统设计计算和优化的基础。如图 6-1 所示，禽蛋在输送辊上的轴向运动使禽蛋进入进料段后实现分列，定向后实现合并，分列后其中一列禽蛋经过翻转段时实现定向，而另一列无须翻转定向直接通过翻转段，最后两列合并；在分列段，禽蛋在输送辊的作用下产生轴向运动，小头指向相反的禽蛋分别向两侧的导向杆运动，实现分列形成两列，而合并段与分列段运动相同，仅仅是小头指向一致的禽蛋轴向运动，实现合并。

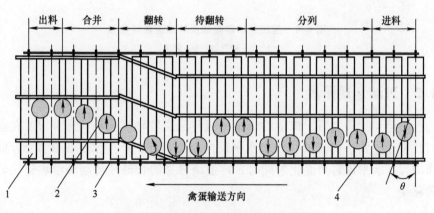

图 6-1　禽蛋大小头自动定向排列装置
1—输送辊　2—禽蛋　3—输送链　4—导向杆

本章将从理论上探讨大小头自动定向排列装置中，禽蛋在输送辊上轴向运动的动力学原理和运动规律及其机理，并进行试验验证和仿真分析。

6.1　禽蛋在输送辊上的轴向运动

在禽蛋大小头自动定向排列装置中，分列和合并段的输送辊在输送链牵引和橡胶垫作用下等速同向转动，禽蛋在输送辊摩擦力的作用下在输送辊之间轴向运动。根据禽蛋的运动特点，将其运动全过程分为起始运动、过渡运动和稳定运动三个阶段，下面对这三个阶段进行说明。

6.1.1　起始运动阶段

起始运动阶段是指禽蛋刚进入输送辊之间（或禽蛋放入静止的辊间，然后再启动装置）时，禽蛋相对于输送辊处于静止状态（瞬间），由于禽蛋质心不在最大短径的截面内，平衡时禽蛋的长轴径线与输送辊轴线成一交错角 θ（在垂直面内），如图 6-2 所示。随着运动的开始，交错角 θ 瞬间发生变化。与此同时，禽蛋开始绕自身的长轴径转动和沿输送辊轴线方向微量移动。

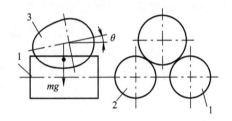

图 6-2　起始运动阶段禽蛋与输送辊的关系
1、2—输送辊　3—禽蛋

6.1.2　过渡运动阶段

起始运动阶段之后，禽蛋的长轴径线与输送辊轴线间的交错角 θ（在垂直面内）变小，禽蛋的长轴径线在水平面内发生偏转，产生水平偏转角 β，而且迅速增大。水平偏转角变化的同时，禽蛋绕自身的长轴径转动和沿输送辊轴线方向移动。

6.1.3　稳定运动阶段

过渡运动阶段时间非常短，之后禽蛋处于稳定轴向运动阶段，禽蛋的长轴径线与输送辊轴线之间形成一个稳定的水平偏转角 β，此时禽蛋稳定地绕自身的长轴径转动和沿输送辊轴线方向移动，如图 6-3 所示。

根据以上三个阶段分析可知，禽蛋的运动形式是其在两输送辊的作用下绕其自身轴线转动，同时其质心沿输送辊轴线方向移动，即禽蛋的轴向运动。由理论力学可知，其运动形式属于螺旋运动。

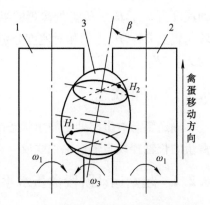

图 6-3　禽蛋在输送辊上的传动示意图
1、2—输送辊　3—禽蛋

6.1.4　禽蛋在输送辊上的四种运动状态

在稳定运动阶段，根据输送辊移动方向和禽蛋小头的指向，禽蛋与输送辊的运动关系有四种状态，如图 6-4 所示。当输送辊移动方向一定，而输送辊上的禽蛋小头指向不同时，禽蛋沿输送辊轴向运动的方向也不同，从而可以使大小头指向不同的禽蛋按小头指向进行分列。由以上分析可知，禽蛋的运动状态取决于输送辊的移动方向和禽蛋小头的指向，因此，实际上四种运动状态可以看成一种运动状态。

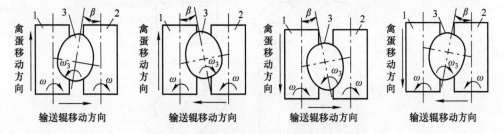

图 6-4　禽蛋在输送辊上的四种运动状态
1、2—输送辊　3—禽蛋

6.2　禽蛋轴向运动的运动学和动力学分析

由于禽蛋大小头自动定向排列装置设计中，禽蛋轴向运动的位移参数是核心参数，因此以下着重分析轴向运动。

设禽蛋两侧输送辊半径为 r，输送辊（驱动轮）与禽蛋有两个接触点，输送辊上的接触点为 H_1'、H_2'，禽蛋上的接触点为 H_1、H_2；H_1'、H_2' 点相对于输送辊质心的线速度（绝对速度）为 v_1、v_2（$v_1 = v_2$），H_1、H_2 点相对于禽蛋质心的速度为 $v_{r_{H_1}}$、$v_{r_{H_2}}$，H_1、H_2 点的绝对速度为 $v_{a_{H_1}}$、$v_{a_{H_2}}$，输送辊的角速度为 ω_1、ω_2（$\omega_1 = \omega_2$）（即可不考虑输送辊的输送运动），禽蛋的角速度为 ω_3，禽蛋质心 C

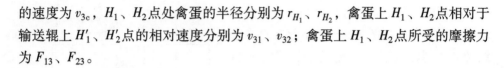

the速度为 v_{3c}，H_1、H_2 点处禽蛋的半径分别为 r_{H_1}、r_{H_2}，禽蛋上 H_1、H_2 点相对于输送辊上 H'_1、H'_2 点的相对速度分别为 v_{31}、v_{32}；禽蛋上 H_1、H_2 点所受的摩擦力为 F_{13}、F_{23}。

6.2.1 静止状态

输送辊与禽蛋都处于静止状态或禽蛋相对于输送辊处于静止状态（瞬间），禽蛋的长轴径线与输送辊轴线成一交错角 θ（在垂直面内），如图6-2所示。

6.2.2 起始运动阶段禽蛋水平偏转分析

假设禽蛋处于起始运动阶段，输送辊做等速旋转运动，而禽蛋处于旋转起始状态，此时禽蛋的长轴径线与输送辊轴线仍成一交错角 θ（在垂直面内），如图6-5所示，其中，B 向、C 向视图中的粗虚线为禽蛋与输送辊的接触点方位。

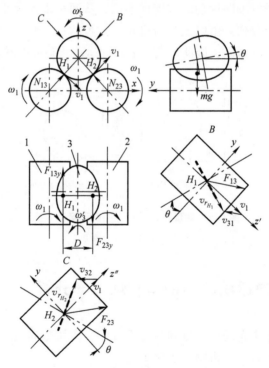

图6-5 起始运动阶段禽蛋水平偏转分析
1、2—输送辊 3—禽蛋

设输送辊以角速度为 ω_1 旋转，此时

$$v_1 = \omega_1 r$$

设禽蛋起始旋转的角速度为 ω'_3，此时

$$v_{r_{H_1}} = \omega'_3 r_{H_1}$$

$$v_{r_{H_2}} = \omega'_3 r_{H_2}$$

$$v_{3c} = 0$$

$$v_{a_{H_1}} = v_{r_{H_1}}$$

$$v_{a_{H_2}} = v_{r_{H_2}}$$

则禽蛋上 H_1、H_2 点相对于输送辊上 H'_1、H'_2 点的相对速度为

$$v_{31} = v_{a_{H_1}} - v_1 = v_{r_{H_1}} - v_1$$

$$v_{32} = v_{a_{H_2}} - v_1 = v_{r_{H_2}} - v_1$$

由理论力学原理可知，摩擦力的方向总是与相对运动趋势方向相反，禽蛋上的 H_1、H_2 点便获得了与 v_{31}、v_{32} 方向相反的摩擦力 F_{13}、F_{23}，而且 F_{13}、F_{23} 在 y 轴上的分量方向相反，如图 6-5 所示。两分量形成了一个力偶，使禽蛋产生（近似水平面内）偏转，偏转角为 β。

6.2.3　起始运动阶段禽蛋轴向运动分析

假设禽蛋的长轴径线与输送辊轴线成一偏转角 β 之后，禽蛋在两输送辊的作用下绕其自身轴线转动，而禽蛋的轴向运动处于起始状态，如图 6-6 所示，其中，G 向、E 向视图中的粗虚线为禽蛋与输送辊的接触点方位。

设禽蛋角速度为 ω_3，则

$$v_{r_{H_1}} = \omega_3 r_{H_1}$$

$$v_{r_{H_2}} = \omega_3 r_{H_2}$$

H_1、H_2 点的绝对速度为

$$v_{a_{H_1}} = v_{r_{H_2}} + v_{3c} = v_{r_{H_1}}$$

$$v_{a_{H_2}} = v_{r_{H_2}} + v_{3c} = v_{r_{H_2}}$$

则禽蛋上 H_1、H_2 点相对于输送辊上 H'_1、H'_2 点的相对速度为

$$v_{31} = v_{r_{H_1}} - v_1$$

$$v_{32} = v_{r_{H_2}} - v_1$$

由图 6-7 可以看出，v_{31}、v_{32} 在 y 轴上有了分量，分量方向为 y 轴正方向。因此，禽蛋所受的摩擦力 F_{13}、F_{23} 在 y 轴上也有分量，且分量方向为 y 轴正方向，设合力为 F_y。F_y 使得禽蛋在 y 轴上产生了一个平动的加速度 a_y，$F_y = ma_y$（m 为禽蛋质量），从而使禽蛋在输送辊轴线方向产生了运动（移动）。

由于禽蛋在 x 方向的运动被约束，因此禽蛋质心 C 的加速度为

$$a_c = a_y$$

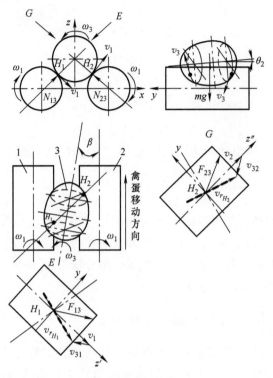

图 6-6　起始运动阶段禽蛋轴向运动分析

1、2—输送辊　3—禽蛋

6.2.4　稳定运动阶段禽蛋轴向运动分析

1. 纯滚动

禽蛋与输送辊之间的传动属于非纯滚动摩擦传动，但为了便于非纯滚动分析时的相对速度，假设其传动为纯滚动摩擦传动。

输送辊上接触点 H_1'、H_2' 的绝对速度为 v_1，禽蛋上接触点 H_1、H_2 的绝对速度为

$$v_{a_{H_1}} = v_{r_{H_1}} + v_{3c}$$

$$v_{a_{H_2}} = v_{r_{H_2}} + v_{3c}$$

纯滚动条件为

$$v_{a_{H_1}} = v_1$$

$$v_{a_{H_2}} = v_1$$

即得

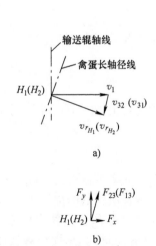

图 6-7　禽蛋的运动和受力分析

a) 接触点速度分析　b) 接触点受力分析

$$v_1 = v_{r_{H_1}} + v_{3c}$$

$$v_1 = v_{r_{H_2}} + v_{3c}$$

根据速度关系（见图6-8a），进一步可得

$$v_{3c} = v_1 \tan\beta$$

$$v_{r_{H_1}} = v_1/\cos\beta$$

$$v_{r_{H_2}} = v_1/\cos\beta$$

2. 非纯滚动

禽蛋上接触点 H_1、H_2 的绝对速度为

$$v_{a_{H_1}} = k_2 v_{3c} + k_1 v_{r_{H_1}}$$

$$v_{a_{H_2}} = k_2 v_{3c} + k_1 v_{r_{H_2}}$$

切向滑动系数 k_1 和轴向滑动系数 k_2 均小于1，切向滑动系数 $k_1 \approx 1$，轴向滑动系数 $k_2 < k_1$；由于 $k_2 v_{3c}$、$k_1 v_{r_{H_1}}$、$k_2 v_{3c}$、$k_1 v_{r_{H_2}}$ 的方向是确定的，而且 $k_2 v_{3c} < v_{3c}$，而 $k_1 v_{r_{H_1}} \approx v_{r_{H_1}}$、$k_1 v_{r_{H_2}} \approx v_{r_{H_2}}$。因此，合成的接触点的绝对速度 $v_{a_{H_1}}$、$v_{a_{H_2}}$ 在 v_1 的下方（由非纯滚动分析可知），如图6-8b 所示。

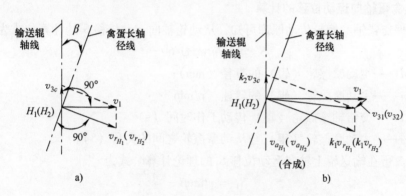

图6-8　稳定运动阶段禽蛋轴向运动分析

a）纯滚动　b）非纯滚动

禽蛋上接触点 H_1、H_2 相对于输送辊上接触点 H_1'、H_2' 的相对速度为

$$v_{31} = v_{a_{H_1}} - v_1$$

$$v_{32} = v_{a_{H_2}} - v_1$$

F_{31}、F_{32} 与 v_{31}、v_{32} 方向相反，F_{31}、F_{32} 在输送辊轴线方向有分量，使禽蛋产生了轴向运动（移动）。

3. 禽蛋稳定偏转分析

设稳定运动时禽蛋的长轴径线与输送辊轴线成一偏转角 β，禽蛋上接触点 H_1、H_2 所受的力为摩擦力 F_{13} 和 F_{23}，支撑反力 N_{13} 和 N_{23}，以及重力 mg，将禽蛋所受的力向 xOy 平面内分解（见图6-6），可得 F_{13x}、F_{23x}、F_{13y}、F_{23y}、N_{13x}、N_{23x}，其对 z 轴的力矩（逆时针方向为正）为

$$F_{13x}l_1 + F_{23y}l_4 + N_{13x}l_5 + N_{23x}l_6 - F_{23x}l_2 - F_{13y}l_3$$

其中，l_i 为各分力到 z 轴的垂直距离，$i = 1 \sim 6$。

虽然每个参数都是变化的，但在适当位置时可以达到平衡。因此，平衡时禽蛋的长轴径线与输送辊轴线之间形成一个稳定的偏转角 β。

根据上述禽蛋轴向运动的运动学和动力学分析，结合交错轴摩擦轮传动原理可知，禽蛋与输送辊之间的传动关系属于交错轴摩擦轮传动关系，而且是特殊的交错轴摩擦轮传动，特殊之处在于禽蛋转动轴是非固定支撑轴，其传动基本原理如图 2-1b 所示。

6.2.5　禽蛋轴向运动参数的计算与分析

1. 禽蛋轴向运动位移的计算

根据交错轴摩擦轮传动原理可知，从动轮轴向运动位移 S' 的计算公式为

$$S' = \pi dnt\tan\varphi/60$$

式中　d——主动摩擦轮（辊）的直径（mm）；

　　　n——主动摩擦轮（辊）的转速（r/min）；

　　　t——交错轴摩擦轮（辊）传动工作时间（s）；

　　　φ——主动摩擦轮（辊）与从动摩擦轮之间的夹角（°）。

而禽蛋在输送辊上轴向运动位移 S_1 的理论计算公式为

$$S_1 = vt\tan\beta$$

式中　v——输送辊输送速度（mm/s）；

　　　t——禽蛋运动时间（s）；

　　　β——禽蛋长轴径与输送辊轴线之间的偏转角（°）。

考虑禽蛋与输送辊存在相对滑动和偏转角的变化，禽蛋在输送辊上轴向运动位移 S_1 的实际计算公式为

$$S_1 = kvt\tan\beta(t) \tag{6-1}$$

式中　k——修正系数；

　　　$\beta(t)$——t 时刻的水平偏转角。

2. 禽蛋轴向运动参数的分析

由于轴向运动三阶段中的起始运动阶段在很短时间内完成，轴向位移很小，

因此仅对过渡运动和稳定运动两阶段的移动参数进行分析。假设 t_j 为过渡运动阶段和稳定运动阶段的时间分界点，$\beta(t_j)$ 为稳定运动阶段的水平偏转角。

由式（6-1）可得两阶段禽蛋轴向运动位移的计算公式为

$$\begin{cases} S_1 = kvt\tan\beta(t) & (0 < t \le t_j) \\ S_1 = kvt\tan\beta(t_j) & (t > t_j) \end{cases} \qquad (6\text{-}2)$$

对式（6-2）求导可得两阶段禽蛋轴向运动速度计算公式为

$$\begin{cases} v_1 = kv\dfrac{1}{\cos^2\beta(t)}\beta'(t) & (0 < t \le t_j) \\ v_1 = kv\tan\beta(t_j) & (t > t_j) \end{cases} \qquad (6\text{-}3)$$

对式（6-3）求导可得两阶段禽蛋轴向运动加速度计算公式为

$$\begin{cases} a_1 = kv\left(\dfrac{1}{\cos^2\beta(t)}\right)'\beta''(t) & (0 < t \le t_j) \\ a_1 = 0 & (t > t_j) \end{cases}$$

由于禽蛋在过渡运动阶段做轴向运动时水平偏转角不断增大，而且禽蛋尺寸及其表面状况、输送辊直径及其表面状况、辊间中心距、输送辊转速等因素对水平偏转角的大小影响很大，目前难以用理论直接解析，t_j 需通过试验确定。

6.2.6　输送辊与禽蛋传动关系模型

禽蛋轴向运动传动原理示意图如图 6-9 所示。根据交错轴摩擦轮传动原理，输送辊 1 与禽蛋形成交错轴摩擦轮传动关系，输送辊 2 相当于辅助轮，其实在

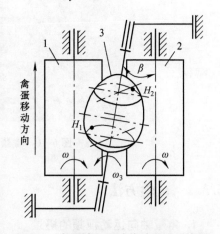

图 6-9　禽蛋轴向运动传动原理示意图
1、2—输送辊　3—禽蛋

本结构中禽蛋与输送辊 2 也形成交错轴摩擦轮传动关系，禽蛋在两输送辊共同作用下实现可靠的轴向运动。

6.3　试验验证

6.3.1　试验材料与设备

1. 试验材料

洁净、无斑纹、无破损的禽蛋 40 枚，禽蛋种类：洋鸡蛋。

2. 试验设备

1）禽蛋轴向运动测定装置由禽蛋大小头自动定向排列装置（输送辊直径30mm，辊间中心距57mm，定向装置输送速度57mm/s）、三脚架（SLX-1MINI，上海海鸥照相机有限公司）、数码相机（Power Shot A1100IS，日本佳能公司）和辅助标尺构成，如图6-10所示。

2）0~150mm电子数显游标卡尺（分辨力0.01mm），上海量具刃具厂有限公司。

图 6-10　禽蛋轴向运动测定装置

6.3.2　试验方法

1. 禽蛋轴向运动视频的摄录

在禽蛋大小头自动定向排列装置上设置三脚架，将数码相机固定于三脚架的基座上，使数码相机镜头正对禽蛋轴向运动区域。数码相机相对于定向装置输送面的高度为500mm。为了准确读取图像中的禽蛋位移，在禽蛋轴向运动区域旁固定一把标尺，标尺方向平行于辊轴轴线方向。

将禽蛋放置于拍摄区域的轴向运动起始点，同时启动定向装置输送系统和相机摄录开关，直至禽蛋运动到辊轴的另一端，拍摄禽蛋轴向运动的全过程，每枚禽蛋重复三次。

2. 禽蛋轴向运动图像的截取

对摄录的每枚禽蛋轴向运动图像运用 Windows Media Player 播放器，逐帧播放摄录的视频（每帧为1/30s）。以视频中定向装置的启动时刻作为禽蛋轴向运动的起始时刻（第 0 帧图像），截取视频中每秒钟内的第 0 帧、第 15 帧、第 30 帧图像。

3. 禽蛋轴向运动参数的计算

从截取的图像中读取禽蛋轴向运动的相对位置，计算禽蛋轴向运动平均位移、禽蛋轴向运动平均速度、禽蛋轴向运动加速度，同时计算禽蛋长轴径的水平偏转角。

1）禽蛋轴向运动位置值的读取：用 Windows 附件中的画图软件读取截取的视频图像，用直线功能作与禽蛋小头端点相切的水平线并延长至标尺刻度线，读取标尺上该处的刻度值，即为禽蛋 t 时刻轴向运动位置值 S_t。

2）禽蛋轴向运动平均位移的计算：t 时段初时刻和末时刻分别为 t_1 和 t_2，两时刻截图中禽蛋的轴向运动位移分别为 S_{t_1}、S_{t_2}，t 时段位移为

$$s = S_{t_2} - S_{t_1}$$

3）禽蛋轴向运动平均速度的计算：t 时段初时刻和末时刻分别为 t_1 和 t_2，两时刻截图中禽蛋的轴向运动位移分别为 S_{t_1}、S_{t_2}，t 时段平均速度为

$$v = (S_{t_2} - S_{t_1})/(t_2 - t_1)$$

4）禽蛋轴向运动加速度的计算：t 时段初时刻和末时刻分别为 t_1 和 t_2，两时刻的平均速度分别为 v_{t_1}、v_{t_2}，t 时段平均加速度为

$$a = (v_{t_2} - v_{t_1})/(t_2 - t_1)$$

5）禽蛋长轴径的水平偏转角计算：用 Windows 附件中的画图软件读取截取的视频图像，在图中用直线功能作从小头端端点到大头端端点的直线段，在窗口下方读取该直线段在水平与垂直方向上的像素值 P_x 和 P_y，则禽蛋长轴径的水平偏转角 β 按下式计算

$$\beta = \arctan(P_x/P_y)$$

6.3.3 结果与分析

1. 轴向运动参数和水平偏转角

图 6-11 所示为 40 枚禽蛋 7s 内轴向运动参数的测定结果。禽蛋在 0 ~ 3s 内水平偏转角迅速增大，3s 以后趋于稳定。因此，禽蛋的轴向运动过程可以分成三个阶段，分别为起始运动阶段、过渡运动阶段和稳定运动阶段（见图 6-11a）。禽蛋轴向运动位移在 0 ~ 3s 内的前段比较小、后段增加比较大，3s 以后轴向运动位移增量比较稳定（见图 6-11b）。禽蛋轴向运动速度在 0 ~ 3s 内迅速增加，3s 以后速度变化趋于平稳（见图 6-11c）。禽蛋轴向运动加速度在 0 ~ 3s 内变化比较大，3s 以后加速度变化较小，平均加速度值也比较小，由此可以确

定 t_j 为 3s（见图 6-11d）。因此，禽蛋 3s 前后的轴向运动状态与理论分析结果吻合。

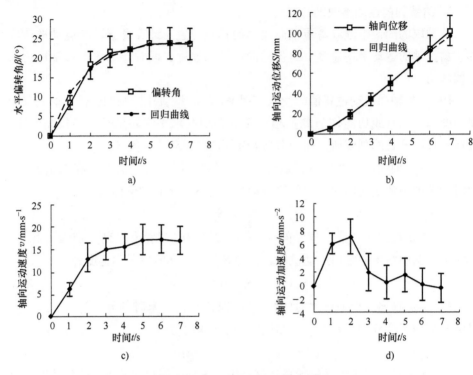

图 6-11　7s 内禽蛋轴向运动参数

a）水平偏转角　b）轴向运动位移　c）轴向运动速度　d）轴向运动加速度

2. 水平偏转角和轴向运动位移

由于禽蛋大小头自动排列设计的核心参数是禽蛋轴向运动距离，为此主要对水平偏转角和轴向运动位移进行回归统计分析。

3s 内禽蛋水平偏转角近似线性增加，3s 后基本稳定。对 7s 内禽蛋水平偏转角进行回归分析，其变化规律为 $\beta(t)=24.30(1-e^{-0.64t})$，决定系数 R^2 为 0.992。

由于受禽蛋水平偏转角的影响，3s 内的轴向运动位移量随时间逐渐递增，3s 后随时间稳定递增，对 7s 内禽蛋轴向运动位移的理论计算值与试验值进行回归分析，其变化规律为 $57kt\tan[24.30(1-e^{-0.64t})]$，其中 k 取 0.55，决定系数 R^2 为 0.998。因此，禽蛋轴向运动实际位移的变化规律与位移理论分析的结果吻合。k 的大小取决于禽蛋与输送辊的接触状况、输送速度、禽蛋和输送辊直径及辊间中心距等。禽蛋轴向运动位移量在设计计算时也可以进行分段计算。

6.4　仿真分析

目前，在禽蛋轴向运动的领域，研究主要集中在大样本禽蛋基本特征参数的统计和分析、禽蛋轴向运动的机理，以及定向装置结构参数和输送系统参数对禽蛋轴向运动的影响。对于禽蛋基本特征参数对轴向运动的影响，孙柯利用塑料卵形体、铝制卵形体以及不同种禽蛋，研究了卵形体质量和材质对其自动定向的影响；姚俊利用模拟卵形体研究了质心位置和质量对轴向运动中水平偏转角的影响。然而，以往研究中使用到的禽蛋模拟体的基本特征参数都与真实禽蛋存在一定差距，而且对于禽蛋来说，其基本特征参数是完全随机的，情况更为复杂，不能精确控制单一因素的变化，因而难以开展单一基本特征参数（禽蛋蛋形角 θ、长轴长度 L、短轴长度 B、质心位置（J/L，J 为质心与禽蛋小头端端点距离）、质量 m、表面摩擦系数 μ 等）对大小头自动定向规律影响的研究。

针对上述问题，利用 ADAMS/MATLAB 建立禽蛋轴向运动仿真模型，并对模型进行验证，研究禽蛋基本特征参数（L、B、θ、m、J/L、μ）对轴向运动的影响规律，以期为研究卵形体农产品大小头自动定向运动规律提供参考，同时为进一步设计自动定向装置提供基础数据。

6.4.1　禽蛋轴向运动仿真建模

1. 三维模型建立

（1）模型假设　为方便模型的建立，取禽蛋定向中的一个单元建模，并假设禽蛋形状结构对称且内部质量分布均匀，蛋壳表面粗糙度一致。

（2）禽蛋模拟体和输送辊的创建　给定禽蛋长轴半径 a，长轴中点处的短轴半径 b，蛋形角 θ，根据蛋形曲线方程 $\dfrac{x^2}{a^2} + \dfrac{y^2}{(b + x\tan\theta)^2} = 1$，在 MATLAB 软件中按步长 0.1 计算出禽蛋平面轮廓点坐标，然后将轮廓点坐标导入 ADAMS 样条曲线中画出禽蛋平面轮廓曲线，最后将曲线绕禽蛋长轴旋转一周形成禽蛋模拟体。

对于输送辊，在软件的 Bodies 功能区，选择圆柱体（Rigid Box Cylinder），设置其长度为 400mm，半径为 20mm，创建两根平行的输送辊。为尽可能与实际输送辊表面状况吻合且保证仿真运行速度，将侧面分割数（Side Count For Body）和端面分割数（Segment Count For Ends）均设置为 200，建立的三维模型如图 6-12 所示。

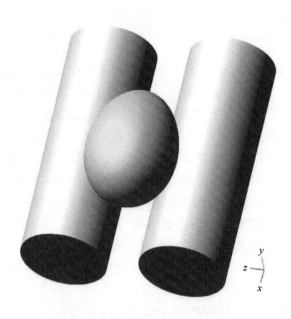

图 6-12　禽蛋轴向运动三维模型

（3）材质设定、施加约束　轴向运动的三维模型建立之后，根据禽蛋轴向运动的实际情况和工作原理，对仿真模型的各构件定义材质属性；创建输送辊与大地之间的旋转副，定义输送辊的旋转驱动；在仿真模型中定义输送辊和禽蛋之间的接触。

2. 仿真参数设置

（1）接触参数设定　考虑到应用情况及补偿系数难以测定，本模型选用冲击函数法定义输送辊和禽蛋之间的接触，对于冲击函数法，所需设定的接触参数包括：Hertz 接触刚度系数（Stiffness）K；力指数（Force Exponent）e；阻尼系数（Damping）c；切入深度（Penetration Depth）g；静、动摩擦系数（Static, Dynamic Coefficient）μ_s、μ_d；静摩擦移动速度（Stiction Transition Velocity）v_s；动摩擦移动速度（Friction Transition Velocity）v_d。对于接触参数的取值，μ_s、μ_d 利用物性测试仪测定，其值大小由禽蛋和输送辊材质及其表面粗糙度决定；g、v_s、v_d 取 ADAMS 的经验值，经试验，$g = 0.1\text{mm}$、$v_s = 0.1\text{mm/s}$、$v_d = 10\text{mm/s}$ 是合理的；K、c、e 三个参数的取值由理论分析和验证试验结合确定。

理论上，K 值由碰撞物体材质和结构决定，根据 $K = \dfrac{4}{3} R^{\frac{1}{2}} E$ 确定，其中

$\dfrac{1}{R} = \dfrac{1}{R_1} + \dfrac{1}{R_2}$，$R_1$ 和 R_2 分别为接触物体在接触点的接触半径；$\dfrac{1}{E} = \dfrac{(1 - \mu_1^2)}{E_1} +$

$\dfrac{(1-\mu_2^2)}{E_2}$，μ_1和μ_2分别为两接触物体材料的泊松比，E_1和E_2分别为两接触物体材料的弹性模量。由于真实情况与理论分析存在一定误差，故在模型中，接触参数设置值会根据实际试验的结果对理论值进行调整。禽蛋和输送辊材质属性相关参数见表6-1。经试验校正后，接触力相关参数设定见表6-2，其中，刚度系数K由公式计算得到，最大阻尼系数c_{max}取刚度值的0.1%，弹性力指数e经试验后取1.6。

表6-1 禽蛋和输送辊材质属性相关参数

参数名称	禽蛋	输送辊（尼龙）
碰撞处半径 R/mm	21.8	20
泊松比	0.25	0.30
弹性模量 $E/\mathrm{kN \cdot mm^{-2}}$	30	8.3

表6-2 接触力相关参数

接触力参数名称	禽蛋与输送辊
刚度系数 $K/\mathrm{N \cdot mm^{-1.5}}$	13247
弹性力指数 e	1.6
最大阻尼系数 $c_{max}/\mathrm{N \cdot s \cdot mm^{-1}}$	13
切入深度 g/mm	0.1
静摩擦系数 μ_s	0.38
动摩擦系数 μ_d	0.35
静摩擦移动速度 $v_s/\mathrm{mm \cdot s^{-1}}$	0.1
动摩擦移动速度 $v_d/\mathrm{mm \cdot s^{-1}}$	10

（2）其他参数设置 仿真时长 $T=10\mathrm{s}$；步长为1000；由于接触是强非线性、非连续的过程，求解器选择SI2积分器；积分误差设为0.001。

6.4.2 验证试验及模型应用

1. 试验材料与设备

5枚随机挑选的洁净、无斑纹、无破损的禽蛋，标号 $1-5$，质量分别为 55.84g、57.74g、62.64g、59.76g、57.09g，其他基本特征参数见表6-3，其中动、静摩擦系数为禽蛋和尼龙输送辊之间的摩擦系数。试验主要设备见表6-4。

表6-3 禽蛋基本特征参数

序号	长轴长度 L/mm	短轴长度 B/mm	质心位置 (J/L)	静摩擦系数 μ_s	动摩擦系数 μ_d
1	57.46	41.50	0.509	0.35	0.32
2	57.75	42.44	0.506	0.38	0.35
3	57.74	43.90	0.516	0.38	0.35
4	58.73	42.71	0.509	0.40	0.37
5	55.24	43.24	0.507	0.34	0.32

表6-4 试验主要设备

设备名称	生产厂家
卵形体农产品大小头定向运动综合试验台（见图6-13）	江苏大学食品与生物工程学院
TA. XT. Plus 物性测试仪	英国 Stable Micro System 公司
0~150mm 电子数显游标卡尺（分辨力0.02mm）	上海量具刀具厂有限公司
电子天平	上海天美天平仪器有限公司
摩擦系数测定辅助装置	江苏大学食品与生物工程学院
数码相机（Power Shot A1100IS）	日本佳能公司
不锈钢直尺	市售

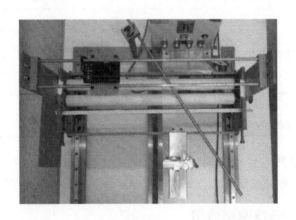

图6-13 卵形体农产品大小头定向运动综合试验台

2. 试验方法

（1）蛋形角的测定 蛋形角的测定装置如图6-14所示，其中两大支架、小支架分别平行且等高，滑板可自由滑动，拍照得到禽蛋的轮廓以后，以禽蛋长轴为 x 轴，长轴中点为坐标原点，随机选取9个点（不含大小头端）测定其坐标，最后根据平面蛋形曲线公式的上半段（x 轴上方）进行非线性拟合，公式为 $y = (b + x\tan\theta)\sqrt{1 - (x/a)^2}$，得到 $\tan\theta$ 值，计算后即可得到蛋形角 θ 值，单位为度（°）。

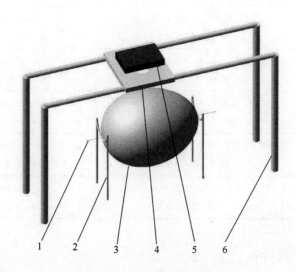

图 6-14　蛋形角的测定装置
1—大头针　2—小支架　3—禽蛋　4—滑板　5—相机　6—大支架

（2）实际水平偏转角 β 和轴向运动位移 S 的测定　在输送辊间中心距 $E = 10\text{mm}$，输送辊直径 $D = 40\text{mm}$，输送辊材质为尼龙，输送辊转速为 1.67rad/s 的条件下，参照孙柯论文中的轴向运动参数测定方法，对禽蛋轴向运动的水平偏转角 β 和轴向运动位移 S 进行测定。

（3）仿真水平偏转角 β 和轴向运动位移 S 的测定　利用模型中创建的函数测定，取轴向稳定运动阶段（6 ~ 8s）水平偏转角的平均值，即为卵形体的水平偏转角 β。函数为：ATAN（（DZ（MARKER_6）− DZ（MARKER_8））/（DX（MARKER_8）− DX（MARKER_6）)），其中，MARKER_6、MARKER_8 分别表示卵形体大头端和小头端坐标；DX（）、DZ（）分别表示坐标点在 x 轴分量和 z 轴分量。对于卵形体的轴向运动位移 S，在仿真后处理提取 8s 内卵形体质心位移的 X 方向的分量值。

（4）基本特征参数对轴向运动的影响　θ、L、B、J/L、m、μ 每个因素选取 9 个水平进行单因素仿真试验，测定水平偏转角 β 和轴向运动位移，仿真试验参数设计见表 6-5。

表6-5　单因素仿真试验参数设计

参数	可变因素及水平	不变因素及水平
蛋形角 $\theta/(°)$	0, 1, 3, 4, 5, 6, 7, 9, 11	$L = 57.2\text{mm}$, $B = 43.6\text{mm}$, $J/L = 0.5$, $m = 61.3\text{g}$, $\mu = 0.4$
长轴长度 L/mm	51.2, 53.2, 55.2, 56.2, 57.2, 58.2, 60.2, 62.2, 64.2	$\theta = 5°$, $B = 43.6\text{mm}$, $J/L = 0.5$, $m = 61.3\text{g}$, $\mu = 0.4$
短轴长度 B/mm	38.6, 40.6, 41.6, 42.6, 43.6, 44.6, 45.6, 47.6, 49.6	$\theta = 5°$, $L = 57.2\text{mm}$, $J/L = 0.5$, $m = 61.3\text{g}$, $\mu = 0.4$
质心位置 J/L	0.48, 0.485, 0.49, 0.495, 0.50, 0.505, 0.51, 0.515, 0.52	$\theta = 5°$, $L = 57.2\text{mm}$, $B = 43.6\text{mm}$, $m = 61.3\text{g}$, $\mu = 0.4$
质量 m/g	45.3, 50.3, 54.3, 58.3, 61.3, 65.3, 72.3, 79.3, 87.3	$\theta = 5°$, $L = 57.2\text{mm}$, $B = 43.6\text{mm}$, $J/L = 0.5$, $\mu = 0.4$
摩擦系数 μ	0, 0.1, 0.2, 0.3, 0.4, 0.5, 0.6, 0.7, 0.8	$\theta = 5°$, $L = 57.2\text{mm}$, $B = 43.6\text{mm}$, $m = 61.3\text{g}$, $J/L = 0.5$

6.4.3　结果与分析

1. 仿真模型验证结果

（1）蛋形角测定分析　根据禽蛋蛋形曲线，在置信水平为95%条件下，蛋形角 $\tan\theta$ 拟合值结果见表6-6，拟合蛋形曲线的 R^2 均大于0.98，拟合程度较好，表明5枚禽蛋的蛋形角测定值是较为准确的。

表6-6　蛋形角测定结果

序号	$\tan\theta$	$\theta/(°)$	R^2
1	0.06442 ± 0.00463	3.69 ± 0.27	0.9997
2	0.06092 ± 0.00886	3.49 ± 0.50	0.9992
3	0.08035 ± 0.01267	4.59 ± 0.72	0.9976
4	0.09226 ± 0.00667	5.27 ± 0.38	0.9844
5	0.08328 ± 0.02510	4.76 ± 1.43	0.9921

（2）模型验证分析　5枚禽蛋轴向运动实测和仿真的轴向运动位移曲线和水平偏转角曲线如图6-15、图6-16所示。由图可知，实测曲线和仿真曲线吻合，但是仿真曲线的水平偏转角在稳定运动阶段波动较大，这是因为真实禽蛋和禽蛋模拟体不同，前者内部分布不均匀，质心位置不固定，轴向运动反而更稳定，表明了假设是合理的。进一步根据轴向运动位移计算方法 $S = kvt\tan\beta(t)$，

其中 k 为滑动系数，对仿真和实测的 S 和 β 在 0.95 置信水平下进行拟合，得到滑动系数 k，见表 6-7，5 枚禽蛋实测和仿真的 k 值在 0.55 左右，相对误差均在 10% 以内。

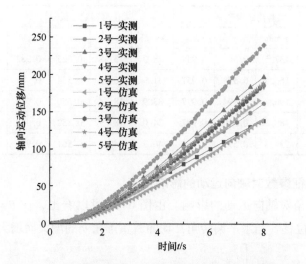

图 6-15　禽蛋轴向运动实测和仿真的轴向运动位移曲线

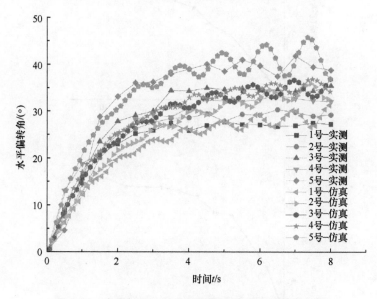

图 6-16　禽蛋轴向运动实测和仿真的水平偏转角曲线

整体来说，5 枚禽蛋实测和仿真曲线的变化趋势一致，实测、仿真的 S 和 β 数值吻合。根据轴向运动位移计算方法拟合的 k 值的相对误差在 10% 以内，表明仿真模型的正确性和有效性，说明采用仿真模型研究禽蛋轴向运动规律是可行的。

表6-7　禽蛋实测和仿真模型结果对比

序号	实验测定参数				仿真测定参数				误差（％）
	$\beta/(°)$	S/mm	k	R^2	$\beta/(°)$	S/mm	k	R^2	
1	27.1	137.5	0.581	0.988	28.2	137.8	0.525	0.982	9.70
2	29.5	160.8	0.578	0.957	31.9	169.3	0.534	0.988	7.56
3	34.7	196.3	0.594	0.977	33.9	185.4	0.550	0.980	7.37
4	32.5	183.3	0.610	0.987	34.0	187.9	0.552	0.982	9.48
5	39.7	239.3	0.592	0.962	40.7	240.4	0.561	0.961	5.19

2. 基本特征参数对轴向运动的影响

（1）蛋形角对轴向运动的影响　由图6-17可以看出，在$\theta=0°\sim11°$范围内，轴向运动位移S和水平偏转角β均随着蛋形角θ的增大而增大。当$\theta=0°$时，

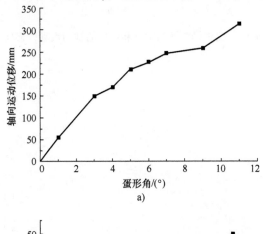

a）

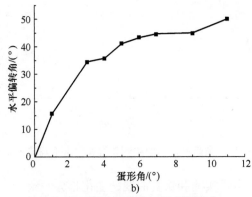

b）

图6-17　蛋形角对轴向运动的影响

a）轴向运动位移　b）水平偏转角

禽蛋变为标准的椭球体，质心在长、短轴的交点处，此时为平行轴摩擦轮传动，禽蛋只在起始位置随输送辊反向转动，不发生偏转，也不沿着输送辊轴线方向移动，S 和 β 均为 0。当 $\theta = 0 \sim 3°$ 时，S 和 β 与 θ 呈线性正相关；当 $\theta = 4 \sim 11°$ 时，S 和 β 增长趋势减缓。实际上，仿真试验中，当其他工作条件适当，而当 $\theta > 11°$ 时，禽蛋模拟体的轴向运动不再稳定，在垂直方向出现波动，此时 S 和 β 值无法准确测定。

　　实质上，蛋形角 θ 与禽蛋的形状密切相关，蛋形轮廓与蛋形角的关系如图 6-18 所示，其中长轴长度 $L = 57.2 \text{mm}$，短轴长度 $B = 43.6 \text{mm}$。当 θ 越小时，禽蛋越扁平，其蛋形轮廓越接近标准椭球体；当 θ 越大时，禽蛋小头端越尖锐，可见，禽蛋的形状是影响其轴向运动的重要因素，与文献的结论是一致的。

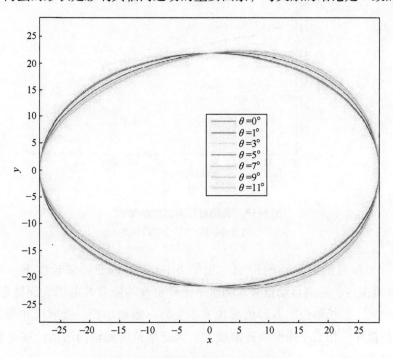

图 6-18　不同蛋形角下的蛋形轮廓

　　（2）长轴对轴向运动的影响　由图 6-19 可知，在长轴长度 $L = 51.2 \sim 64.2 \text{mm}$ 范围内，轴向运动位移 S 和水平偏转角 β 均随着长轴长度 L 的增大而稳定减小且幅度较小。由图 6-18 可知，短轴长度 B 和蛋形角 θ 不变时，长轴越长，蛋形尺寸越大，禽蛋形状越细长，相当于蛋形角逐渐变小，因此轴向运动位移 S 和水平偏转角 β 稳定减小。

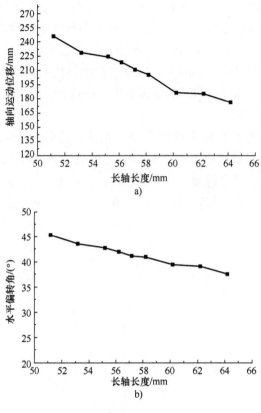

图 6-19 长轴对轴向运动的影响

a）轴向运动位移 b）水平偏转角

（3）短轴对轴向运动的影响 由图 6-20 可知，在短轴长度 $B = 38.2 \sim 49.2$mm 范围内，轴向运动位移 S 和水平偏转角 β 均随着 B 的增大而稳定增大，且幅度较大。当长轴长度 L 和蛋形角 θ 不变时，短轴越长，蛋形尺寸越大，禽蛋形状越粗胖，相当于蛋形角逐渐变大，因此单位时间轴向运动位移 S 和水平偏转角 β 稳定增大。

（4）质量对轴向运动的影响 由图 6-21 可知，在质量 $m = 45.3 \sim 87.3$g 范围内，轴向运动位移 S 随着质量 m 的增大而增大，但是增长幅度很小；同时，水平偏转角 β 均随着质量 m 的增大而增大，当禽蛋质量几乎增长一倍时，稳定运动阶段的 β 增长不超过 $4°$，可见，禽蛋质量对其轴向运动影响不明显，与文献利用不同质量的塑料卵形体研究定向运动的结论是吻合的。

（5）质心位置对轴向运动的影响 由图 6-22 可知，在质心位置 $J/L = 0.48 \sim 0.52$ 范围内，S 和 β 均随着质心位置 J/L 的增大而稳定减小，J/L 值为

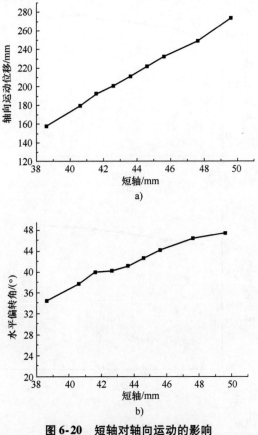

图 6-20　短轴对轴向运动的影响
a）轴向运动位移　b）水平偏转角

0.48 时的 S 值几乎是 J/L 值为 0.52 时的两倍，β 减小了 25°左右。实际上，禽蛋的形状不变，内部质心位置变化时，其在输送辊上的垂直倾角 α 和接触点位置有很大不同，当 J/L 越小时，质心越靠近小头端，α 越大，禽蛋起始运动位置与输送辊接触点所在的接触圆半径越小，稳定运动阶段的 β 越大，所以 S 越大。同理，J/L 越大，α 越小，接触点所在的接触圆半径越大，稳定运动阶段的 β 越小，S 越小。理论上，接触点处于最大短轴所在的接触圆，即当 α 趋近于 0 时，禽蛋长轴与输送辊轴线方向平行，此时与 $\theta = 0°$ 相同，为平行轴摩擦轮传动，禽蛋随输送辊反向转动，不发生偏转，不产生轴线方向的移动，故 β 趋近于 0，S 趋近于 0，与仿真试验测定的数据是一致的，如图 6-23 所示。

结合图 6-18 进行分析可知，禽蛋的蛋形角、长轴、短轴等外形轮廓的改变，实质上是禽蛋的质心位置发生了变化，进而影响了其轴向运动。Song J 研究发现，禽蛋的新鲜程度会影响其自动定向的各项参数，禽蛋内部水分蒸发，

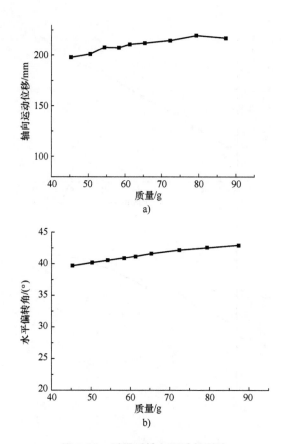

图 6-21　质量对轴向运动的影响

a）轴向运动位移　b）水平偏转角

气室增大，会使其质心位置发生变化，从而影响其轴向运动；姚俊利用往塑料卵形体填充大米的方式使其质心位置分别位于小头端、大小头端交点处以及大头端，发现三者的轴向运动状态有很大的差别，均与本仿真试验结果吻合，可见质心位置 J/L 是影响其轴向运动的关键因素，对其自动定向有较大的影响。

（6）摩擦系数对轴向运动的影响　由图 6-24 可知，在摩擦系数 $\mu = 0 \sim 0.4$ 范围内，S 和 β 与 μ 呈正相关，在 $\mu = 0.4 \sim 0.8$ 范围内，S 和 β 保持稳定，表明摩擦系数在一定范围内是影响禽蛋轴向运动的关键因素。理论上，正压力不变，摩擦系数越大，摩擦力也越大。虽然摩擦力作为禽蛋轴向运动的驱动力，摩擦力和摩擦系数也不是越大越好，应结合禽蛋表面状况和输送辊材质选用合理粗糙度的输送辊。

3. 轴向运动动力学参数分析

给定卵形体长轴长度 $L = 57.2\,\text{mm}$，短轴长度 $B = 43.6\,\text{mm}$，蛋形角 $\theta = 5°$，

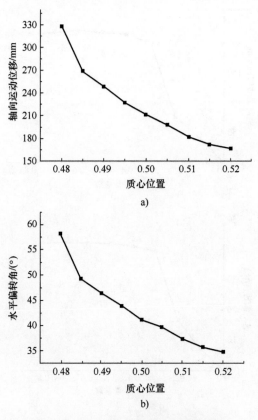

a)

b)

图 6-22　质心位置对轴向运动的影响

a）轴向运动位移　b）水平偏转角

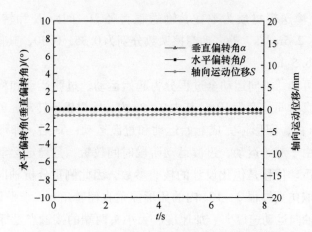

图 6-23　质心位置位于长短轴交点处的测定结果

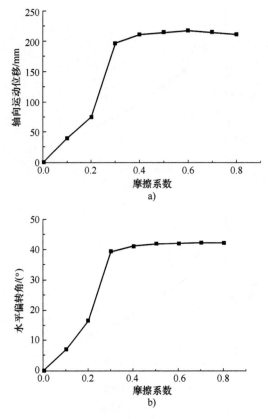

图 6-24　摩擦系数对轴向运动的影响
a）轴向运动位移　b）水平偏转角

质量 $m = 50\mathrm{g}$，输送辊材质为尼龙，输送辊直径 D、间距 E 和转速 ω 分别为 $40\mathrm{mm}$、$15\mathrm{mm}$、$2.5\mathrm{rad/s}$，静、动摩擦系数分别为 0.35、0.30，其他接触参数的计算和设置同 6.5.1。

从 6.1 节可知，轴向运动全过程分为起始运动、过渡运动和稳定运动三个阶段。设置仿真时间长度为 $10\mathrm{s}$，其中 $0 \sim 2\mathrm{s}$ 内，输送辊不转动，卵形体在重力下稳定；$2 \sim 6\mathrm{s}$ 内，卵形体完成起始运动和过渡运动；$6\mathrm{s}$ 后，卵形体进行稳定的轴向运动。由于起始运动、过渡运动阶段时间较短，且稳定运动阶段的水平偏转角和轴向运动位移是优化设计的核心参数，因此侧重分析轴向运动的稳定运动阶段。提取仿真过程 $0 \sim 10\mathrm{s}$ 内的卵形体垂直偏转角 α、水平偏转角 β、转动角速度 ω、轴向运动速度 v_c、加速度、大小头两端的接触点坐标、摩擦力 F_s 及合力 R 等参数，对卵形体轴向运动进行动力学分析。

（1）稳定性分析　在轴向运动的稳定运动阶段，卵形体以稳定的水平偏转

角 β 匀速沿着输送辊的轴线方向运动。理论上，卵形体在垂直方向不会发生偏转。提取卵形体 $0 \sim 10\mathrm{s}$ 的 α 和 β，如图 6-25、图 6-26 所示。从图中可以看出，α 从起始状态的 $10°$ 逐渐减小至 $0°$ 左右，β 从起始状态的 $0°$ 逐渐增大至 $40°$ 左右。在 $6 \sim 10\mathrm{s}$ 内的稳定阶段，α 为 $0.62° \pm 2.65°$，在 $-5° \sim 5°$ 之间波动，且波动幅度较小，同时，β 稳定在 $39.89° \pm 1.60°$，表明卵形体的轴向运动基本稳定，与文献的结论相吻合。偏转角的波动主要是由接触参数设置和三维模型构建的局限性引起的。

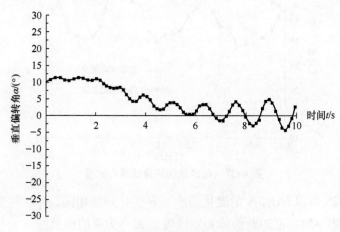

图 6-25　稳定运动阶段的垂直偏转角

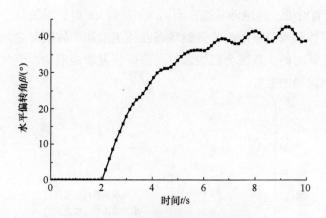

图 6-26　稳定运动阶段的水平偏转角

（2）速度分析　测定了稳定阶段的卵形体质心速度 v_c 和大小头两端接触点的线速度 v_1、v_2，并和纯滚动时的质心理论速度 v'_c、接触点理论线速度 v' 进行了对比分析，如图 6-27、图 6-28 所示。从图 6-27 中可以看出，v'_c 的变化趋势与 β 变化趋势相同，v_c 呈正弦波动，其上波幅值正好达到了 v'_c，可知，卵形体在稳定运行阶段的瞬时速度一直在变化，当 $v_c < v_c'$ 时，进行加速，加速至 v_c' 后，然后开始减速，减速至一定速度后，又进行加速，如此往复，因此卵形体的质心速度呈周期性波动，在一段时间内视为以平均速度做"匀速"移动（轴向运动），与文献的结论是吻合的。

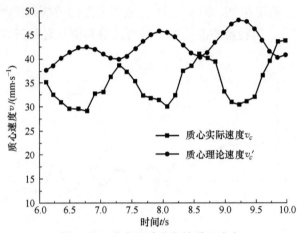

图 6-27 稳定运动阶段的质心速度

从图 6-28 可以看出，v' 的变化趋势与 β 变化趋势相同，v_1 与 v_2 变化趋势和数值大小几乎一致，可知卵形体和输送辊在大小头端的接触圆半径相同，接触点等高；并且 v_1、v_2 变化趋势和 v_c 相同，波动幅度不大，在 $v_c = v_c'$ 的时刻达到 v'，这时系统暂时处于纯滚动状态；当 $v_1 < v'$、$v_2 < v'$ 时，系统处于非纯滚动状态，可知卵形体和两侧输送滚的接触状态在纯滚动和非纯滚动之间波动，系统纯滚动状态是瞬时的，系统会很快通过自适应恢复非纯滚动，因此系统具有自适应恢复非纯滚动的能力。

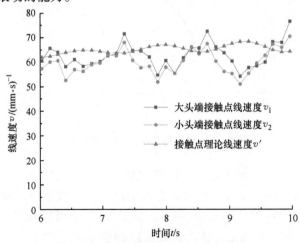

图 6-28 稳定运动阶段的接触点线速度

（3）加速度分析　从图 6-29 和表 6-8 可以看出，卵形体稳定阶段质心加速度在 x、z 轴上的分量相对较小；而在 y 轴上分量波动较大，这主要是由于 y 轴上分力作用的波动引起了卵形体姿态调整。由图 6-25 可知，卵形体姿态变化表现为垂直偏转角较大波动；在 x 轴方向的加速度较小，表明该方向力作用较稳定，由图 6-27 可知，质心速度波动较平稳，卵形体轴向运动可视为按平均速度做匀速移动；在 z 轴方向的加速度相对较小，表明该方向力作用相对较稳定，由图 6-26 可知，卵形体水平偏转角波动较小，与文献的实测结果吻合。

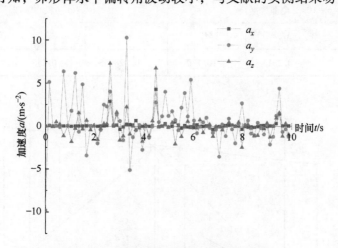

图 6-29　稳定运动阶段的卵形体加速度

表 6-8　卵形体稳定运动阶段三轴方向的加速度分量

$a_x/\mathrm{m \cdot s^{-2}}$	$a_y/\mathrm{m \cdot s^{-2}}$	$a_z/\mathrm{m \cdot s^{-2}}$
0.010 ± 0.670	1.690 ± 5.256	-0.025 ± 1.427

（4）力分析　提取卵形体大小头两端接触点处 6～10s 的全反力（R_1、R_2）及其三轴分量（R_{1x}、R_{1y}、R_{1z}、R_{2x}、R_{2y}、R_{2z}）、卵形体的重力（G）、三轴合力（ΣR_x、ΣR_y、ΣR_z）、对三轴的合力矩（M_x、M_y、M_z），数据采集分辨力为 0.01，见表 6-9、表 6-10。从表 6-9 可知，卵形体所受的合力为 0；从表 6-10 可知，6～10s 采集的全部数据的计算结果中对 x、y 轴的力矩接近 0，对 z 轴的力矩绝对值远大于 0；但当在采集的全部数据中选取 40 个核心数据（ΣR_x、ΣR_y、ΣR_z 的绝对值在 0～1 之间）时，对 x、y、z 轴的力矩都接近 0。因此，卵形体所受的合力和合力矩在一些时间点上同时为 0，即卵形体在一些时间点上受力平衡，相当于动态平衡（见图 6-30）。仿真验证了文献的定性分析结果。因此，卵形体所受力和力矩平衡，而且是动态平衡，理想状态时属于三力汇交平衡。

表6-9 稳定运动阶段接触点处的全反力三轴分量、重力及三轴合力

（单位：N）

R_{1x}	R_{1y}	R_{1z}	R_{2x}	R_{2y}	R_{2z}	G	ΣR_x	ΣR_y	ΣR_z
-0.067	0.310	-0.196	0.068	0.332	0.195	-0.547	0.001	0.095	-0.001

表6-10 稳定运动阶段接触点力对三轴的合力矩 （单位：N·mm）

6~10s（全部数据）			6~10s（核心数据）		
M_x	M_y	M_z	M_x	M_y	M_z
0.681	-0.231	-10.770	0.028	-0.217	0.216

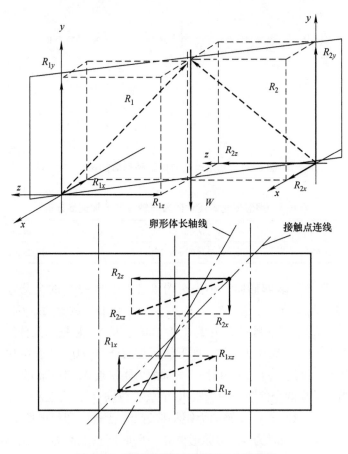

图6-30 基于仿真的卵形体三力示意图

注：为清晰表达两接触点的受力，主视图未按位置关系绘制

接触点力波动主要是由摩擦传动两接触点全反力的波动和三维模型构建的局限性及均质刚体的假设引起的，其中两接触点全反力中摩擦力的波动是核心原因。接触点摩擦力的波动会引起卵形体姿态调整，并引起全反力和运动参数的变化，而且是一种自适应的动态调整。由图6-25、图6-26可知，卵形体姿态参数垂直偏转角和水平偏转角都有明显的波动，垂直偏转角（y方向）的波动会引起卵形体振动，使y轴方向产生振动载荷，导致y轴方向力偏大，这与y方向合力偏大吻合（见表6-9），也与表6-8中y轴方向加速度偏大吻合，而由于实际鸡蛋内容物是蛋白和蛋黄组成的非均质体且有一定的吸振性，垂直偏转角（y方向）的波动相对比较小。

4. 轴向运动传动机理动力学分析

图6-31a、b所示分别是质量为50g、1000g卵形体的接触点在x轴方向的摩擦力。由图可知，两接触点摩擦力（F_{S1}、F_{S2}）在x轴方向的分量（F_{S1x}、F_{S2x}）的变化规律非常相似，绝对平均值基本相等，方向相反，即大头端接触点摩擦力分量（F_{S1x}）是负值（指向卵形体轴向运动方向），是卵形体轴向运动的驱动力；而小头端接触点摩擦力分量（F_{S2x}）是正值（指向卵形体轴向运动的相反方向），是卵形体轴向运动的阻力。由于x轴方向上仅存在摩擦力分量，即在稳定运动阶段，卵形体在x轴方向（轴向运动方向）平均受力平衡，因此，在F_{S1x}、F_{S2x}作用下卵形体质心以平均速度做匀速移动。

表6-11是质量为50g、1000g卵形体的两接触点的摩擦力及其在三轴方向上的分量。由表可知，质量为50g卵形体的两接触点的摩擦力在三轴方向上的分量值处于同一数量级，但y、z轴方向的分量值明显小于x轴方向的分量值；而质量为1000g卵形体的两接触点的摩擦力在三轴方向上的分量值相差一个数量级及以上，y、z轴方向的分量值远小于x轴方向的分量值（见图6-32）。由于卵形体做螺旋运动，即卵形体相对于输送辊在接触点做滚动，同时其质心沿输送辊做轴向运动，因而摩擦力在三轴方向的分量与卵形体运动的对应关系为：x轴方向的分量值是卵形体沿输送辊轴向运动的滑动摩擦力，y、z轴方向的分量值的合力是卵形体轴向运动相对于输送辊滚动的（静）摩擦力。这与理论力学刚体动力学理论中的刚体做滚动时的（静）摩擦力远小于刚体做移动时的滑动摩擦力的理论吻合。

综上所述，卵形体在大头端输送辊接触点摩擦力的驱动下做螺旋运动，小头端所接触的输送辊做平衡随动（接触点的摩擦力起平衡作用）；与文献的"输送辊为单侧驱动，另一侧随动"的理论假设一致。

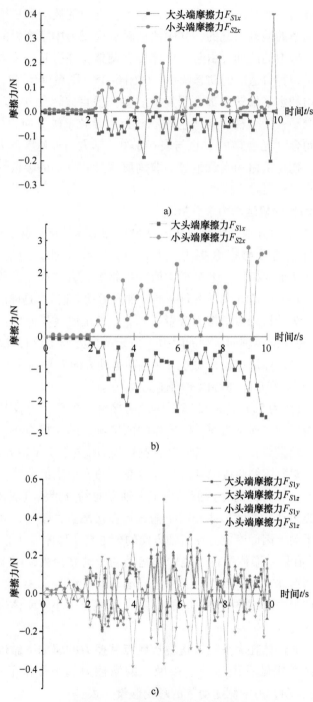

图 6-31 卵形体两接触点的摩擦力

a）50g 卵形体的接触点在 x 轴方向的摩擦力　　b）1000g 卵形体的接触点在 x 轴方向的摩擦力

c）50g 卵形体的接触点在 y 和 z 轴方向的摩擦力

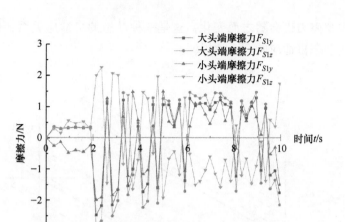

d)

图 6-31　卵形体两接触点的摩擦力（续）

d）1000g 卵形体的接触点在 y 和 z 轴方向的摩擦力

表 6-11　质量为 50g、1000g 卵形体的两接触点的摩擦力及其在三轴方向上的分量

摩擦力 F_S/N	卵形体质量/g	
	50	1000
F_{S1}	0.135 ± 0.075	2.227 ± 0.645
F_{S1x}	-0.065 ± 0.057	-1.160 ± 0.669
F_{S1y}	0.027 ± 0.075	0.109 ± 1.175
F_{S1z}	0.031 ± 0.095	0.071 ± 1.479
F_{S2}	0.141 ± 0.075	2.047 ± 0.693
F_{S2x}	0.063 ± 0.058	1.148 ± 0.856
F_{S2y}	0.031 ± 0.076	0.139 ± 0.995
F_{S2z}	-0.042 ± 0.098	-0.204 ± 1.252

　　另外，由图 6-30 可知，两接触点的总反力在 x 轴方向的分量（R_{1x}、R_{2x}）组成的力偶，使卵形体在水平方向产生偏转，平衡时形成一个水平偏转角，当作用力稳定时形成一个稳定的水平偏转角。因此，两接触点的总反力在 x 轴方向的分量（R_{1x}、R_{2x}）组成的力偶是卵形体水平偏转角形成的驱动力偶，接触点总反力在 z 轴方向的分量组成的力偶是阻力偶，两者平衡时理论上形成稳定的水平偏转角，即为卵形体水平偏转角发生的动力学机理。

　　由于摩擦接触的不稳定性（见图 6-31c、图 6-31d），实际形成的是动态自适应的相对稳定的水平偏转角，如偏转角变化引起正压力在 z、y 轴方向的分量发生变化，摩擦力也会随之而变化，这是一种动态的自适应关系，即为卵形体水平偏转角动态自适应的动力学机理。

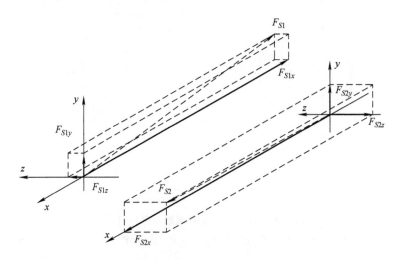

图6-32 基于仿真的质量为1000g卵形体的两接触点的摩擦力

6.5 输送辊上卵形体农产品定向运动综合试验台研制

6.5.1 定向装置的影响因素及其控制方法

1. 影响因素

辊式输送型禽蛋大小头定向装置是通过禽蛋在定向输送系统输送辊上的分列轴向运动和定向翻转运动实现定向的，其影响因素包括输送辊和导向杆的结构参数、输送系统工作参数，这两项参数统称为技术参数。

（1）结构参数 分列轴向运动结构参数是指禽蛋输送辊的直径、材质和表面状况，以及辊间中心距。这些参数会直接影响禽蛋在输送辊上的轴向运动参数、运动姿态和分列效果，也会影响定向翻转的可靠性。

定向翻转运动结构参数是指禽蛋输送辊的直径、材质和表面状况，以及辊间中心距、导向杆直径、导向杆弯曲段角度、导向杆与输送辊之间的高度。这些参数会直接影响禽蛋在输送辊上定向翻转运动的可靠性、稳定性和准确性。

（2）工作参数 工作参数是指分列轴向运动时禽蛋输送辊的转速和定向翻转运动时禽蛋输送辊的移动速度。在定向装置中，禽蛋输送辊的移动速度即为输送系统的输送速度，而分列轴向运动段输送辊的转速是由输送辊的移动速度（输送速度）通过输送辊与橡胶垫之间的摩擦传动转换而成。工作参数会直接

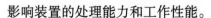

影响装置的处理能力和工作性能。

2. 控制方法

在试验台上，诸因素水平的控制主要考虑调整操作的便利性和试验参数的可调控性。

可通过更换不同直径和材质及表面状况的输送辊，调整定向装置的输送辊直径和材质及表面状况；可通过调整输送辊支撑轴轴承组件之间的间距，调整辊间中心距；可通过更换不同直径和材质及表面状况的导向杆，调整导向杆直径和材质及表面状况；可通过角度和高度调节机构，调整导向杆弯曲段角度及与输送辊之间的高度。

6.5.2　试验台设计

1. 参数设计

本试验台的用途是探讨定向装置诸结构参数和工作参数对禽蛋分列轴向运动和定向翻转运动的影响，以及不同品种和规格禽蛋的轴向运动和定向翻转运动的规律，因此要求有足够的调整范围和适应性。在试验台设计时，输送辊直径范围为 20 ~ 70mm，输送辊长度为 600mm，输送辊材质为碳钢、尼龙和不锈钢等，输送辊表面可通过表面处理实现不同的表面粗糙度；辊间中心距调节范围为 40 ~ 120mm；导向杆直径范围为 5 ~ 20mm，材质为碳钢和不锈钢等，导向杆表面可通过表面处理实现不同的表面粗糙度；导向杆弯曲段角度调节范围为 0 ~ 90°，导向杆弯曲段与输送辊之间高度的调节范围为 0 ~ 20mm；输送辊的转速调节范围为 0 ~ 55r/min，输送辊的运动速度调节范围为 0 ~ 110mm/s。

2. 结构设计

试验台由工作装置、测试数据采集装置、机座等部件组成，如图 6-33 所示。工作装置由调速电动机、可切换的两组带传动机构、两根平行等径圆柱输送辊、底部中间的传动齿轮等部件组成，是一个可自走的系统。机座两侧设有导轨，用于支撑工作装置；机座中间设有齿条，与工作装置底部中间设置的齿轮啮合；机座一侧的两端分别设置一个限位行程开关，机座另一侧的一端设有导向杆角度和高度调节装置。测试数据采集装置由两部高清数码相机组成，一台设在工作装置的上方，另一台设在工作装置的左侧。电动机速度和转向控制器以及操作开关等集成在机座的右侧。

3. 传动设计

图 6-34 所示为试验台传动系统示意图，驱动采用调速电动机，其与工作装置机架连接，经一级带传动到输送辊 1，再通过一级等速带传动机构到输送辊 2，使两个输送辊等速同向转动，实现禽蛋分列轴向运动测试；当实施定向翻转

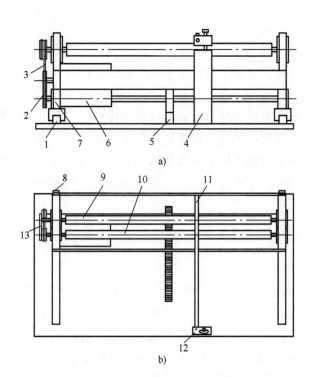

图 6-33　卵形体农产品定向运动综合试验台结构示意图

a) 主视图　b) 俯视图

1—机座及导轨　2—机架移动带传动机构　3—输送驱动带传动机构　4—导向杆支架
5—齿轮齿条传动机构　6—调速电动机　7—工作装置机架　8—中心距调节器
9—输送辊 1　10—输送辊 2　11—翻转导向杆　12—导向杆角度和高度调节器
13—辊同步带传动机构

运动测试时，卸下输送辊的一级传动带，安装上驱动齿轮传动的传动带，使工作装置在试验台机架上移动，通过两个限位行程开关和调速电动机正反向功能实现工作装置的往复运动，也就实现了定向翻转运动中输送辊的输送运动，而禽蛋定向翻转运动是在输送运动和导向杆的共同作用下实现的。

4. 数据采集

在禽蛋分列轴向运动测试时，通过安装在工作装置上方的高清数码相机摄录禽蛋轴向运动过程的影像；在定向翻转运动测试时，通过安装在工作装置上方的高清数码相机摄录禽蛋翻转过程水平方向的姿态影像，同时通过安装在工作装置侧面的高清数码相机摄录禽蛋翻转过程垂直方向的姿态影像。

5. 数据分析

分列轴向运动参数分析是用视频播放软件逐帧播放禽蛋轴向运动试验摄录录像，每隔 0.5s 进行截图，再用 photoshop 软件对截图中禽蛋水平偏转角和相

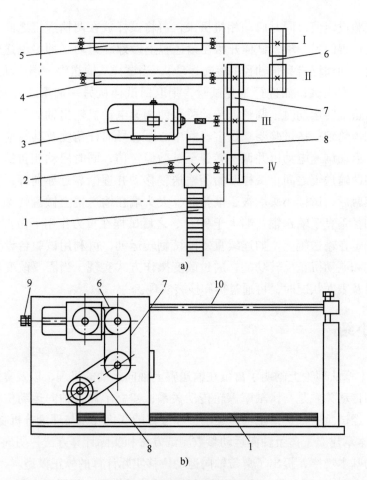

图 6-34 试验台传动系统示意图

a) 传动系统展开 b) 带传动关系

1—齿条 2—齿轮 3—调速电动机 4—输送辊1 5—输送辊2 6—输送辊同步带传动机构

7—输送辊驱动带传动机构 8—机架移动带传动机构 9—中心距调节器 10—翻转导向杆

对位移以及转动角度进行测量，并计算得出轴向运动参数。

定向翻转运动参数分析是用视频播放软件逐帧播放禽蛋翻转运动试验摄录录像，每隔 0.1s 进行截图，再用 photoshop 软件对截图中禽蛋翻转姿态参数进行测量，并计算得出翻转运动参数。

6.5.3 试验台工作原理

所研制的卵形体农产品大小头定向运动综合试验台实物如图 6-13 所示。当测试禽蛋轴向运动时，调整带传动关系使调速电动机输出轴的运动通过传动带传递到一个输送辊轴上；按试验要求调整辊间中心距，启动调速电动机并调整转速至试验设定值，同时启动相机摄录，再将试样放在两输送辊之间，其小头端指向输送辊的另一端，试样开始在输送辊上做螺旋运动（即沿输送辊轴线方向的轴向运动和绕自身长轴径的旋转运动），当试样从输送辊一端运动到另一端时，完成一次测试；如进行重复试验，则取回试样从另一端重新开始并摄录。当测试禽蛋翻转运动时，调整带传动关系使调速电动机输出轴的运动通过传动带传递到齿轮轴；按试验要求设定辊间中心距、导向杆角度及其与输送辊之间的高度；启动调速电动机并调整转速至试验设定值，同时启动相机摄录；再将试样放在两输送辊之间，试样开始随输送辊移动并逐渐靠近导向杆；当试样与导向杆接触后，试样小头端被逐渐抬起，大头端在输送辊上做翻转滚动，直至试样长轴径垂直于输送辊（略大于 90°），之后试样在重力作用下做自由翻转滚动直至稳定在输送辊上。如连续重复测试翻转运动，可利用试验台设置的两个行程开关和电动机正反转功能，通过改变操作方式实现。当需要改变输送辊直径和材质及表面状况时，可通过拆卸换装实现。

6.6　小结

1）本章从理论上阐明了禽蛋在输送辊上轴向运动的机理，以及禽蛋与输送辊之间的传动关系是交错轴摩擦轮传动关系；建立了禽蛋轴向运动位移理论计算方法。经试验验证，禽蛋轴向运动实际位移的变化规律与理论分析吻合。

2）本章建立了禽蛋轴向运动参数测试方法和实际计算方法，明确了禽蛋轴向运动的基本规律，提出了禽蛋轴向运动位移实际计算的修正模型。

3）本章构建了禽蛋与输送辊之间的传动关系模型，阐明了禽蛋在输送辊上轴向运动四种运动状态的统一性。

4）本章构建了禽蛋轴向运动仿真模型，验证了其有效性，利用仿真手段研究了禽蛋基本特征参数对其轴向运动规律是可行的。

5）影响禽蛋轴向运动的六个基本特征参数中，质心位置 J/L 对轴向运动影响最大，蛋形角 θ 次之，长轴长度 L 和短轴长度 B 影响较小，摩擦系数 μ 只在一定范围内对轴向运动产生影响，质量 m 对轴向运动影响不明显。

6）仿真手段能够准确模拟禽蛋轴向运动过程，可以有效地对实际试验中难以控制、测定的参数进行解析。

7）垂直偏转角、水平偏转角、速度、加速度仿真结果与相关文献报道的结果吻合；卵形体所受的力和力矩是平衡的，且是动态平衡，理想状态时属于三力汇交平衡，与文献的理论定性分析结果一致；卵形体在大头端输送辊接触点摩擦力的驱动下做螺旋运动，小头端接触的输送辊做平衡随动，与文献"输送辊为单侧驱动，另一侧随动"的理论假设一致。

8）两接触点总反力在 x 轴方向上的分量组成的力偶是卵形体水平偏转角形成的驱动力偶，接触点总反力在 z 轴方向上的分量组成的力偶是阻力偶，两者平衡时理论上形成稳定的水平偏转角，即为卵形体水平偏转角发生的动力学机理；由于摩擦接触的不稳定性，其实际形成的是动态自适应的相对稳定的水平偏转角，是一种动态的自适应关系，即为卵形体水平偏转角动态自适应的动力学机理。

9）本章在分析影响卵形体农产品分列轴向运动和定向翻转运动诸因素的基础上，研制了卵形体农产品大小头定向运动（轴向运动和翻转运动）综合试验台。试验台结构参数和工作参数可调控性好，操作简单方便，对物料（如其他材质的卵形体）的适应性强；利用高清数码相机摄录的图像清晰，通过软件解析的测定参数精度高，满足试验要求。

10）在综合试验台上能够进行试验组合设计，可满足综合探讨影响卵形体农产品轴向运动和翻转运动的多种因素和水平。

11）十种卵形体农产品轴向分列运动偏转角和轴向运动位移计算模型见表 6-12。

表 6-12　十种卵形体农产品轴向分列运动偏转角和轴向运动位移计算模型

种类	偏转角（β）计算模型	轴向运动位移（S）计算模型
草鸡蛋	$35.92\ (1-\mathrm{e}^{-1.18t})$	$0.73vt\tan\beta$
洋鸡蛋	$29.72\ (1-\mathrm{e}^{-1.02t})$	$0.77vt\tan\beta$
鸭蛋	$30.45\ (1-\mathrm{e}^{-0.54t})$	$0.61vt\tan\beta$
鹅蛋	$25.36\ (1-\mathrm{e}^{-1.31t})$	$0.51vt\tan\beta$
牛油果	$28.42\ (1-\mathrm{e}^{-0.66t})$	$0.72vt\tan\beta$
库尔勒香梨	$36.93\ (1-\mathrm{e}^{-0.80t})$	$0.06vt\tan\beta$
赣南脐橙	$22.72\ (1-\mathrm{e}^{-0.34t})$	$0.40vt\tan\beta$
枇杷	$27.95\ (1-\mathrm{e}^{-0.16t})$	$0.52vt\tan\beta$
番石榴	$37.62\ (1-\mathrm{e}^{-0.91t})$	$0.82vt\tan\beta$
蛋黄果	$40.64\ (1-\mathrm{e}^{-0.50t})$	$0.34vt\tan\beta$

第 **7** 章

斜动式和直动式交错轴摩擦轮传动的综合应用

基于 Mecanum 轮的全方位移动小车应用研究很广泛，均采用矩阵变换法和矢量分析法构建运动学模型、解析小车运动参数，未明确 Mecanum 轮上腰鼓形辊子与地面之间的传动关系。本章运用轮地交错轴摩擦轮传动原理分析基于 Mecanum 轮的四轮驱动全方位移动小车的运动关系。

7.1 基于 Mecanum 轮全方位移动小车运动分析

7.1.1 全方位移动小车

Mecanum 轮如图 7-1 所示，主要由轮毂和安装在轮毂上且与轮毂轴线呈一定角度的无动力腰鼓形辊子组成，辊子轴线和轮毂轴线夹角一般为 45°。

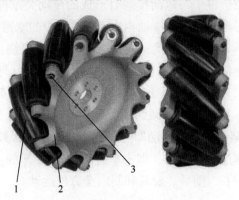

图 7-1　Mecanum 轮
1—腰鼓形辊子　2—轮毂　3—支撑轴

基于 Mecanum 轮的全方位移动小车最常见为四轮驱动组合形式，在四轮驱动组合形式中图 7-2 所示结构布局形式最合理，4 个轮子上接触地面一侧偏置的腰鼓形辊子形成"内八字"（4 个轮子上方的偏置的腰鼓形辊子形成"外八字"）。驱动时 4 个轮的转速和转动方向根据小车的运动方向确定，图 7-2 组合系统不仅能实现全方位运动，且驱动性能较好。

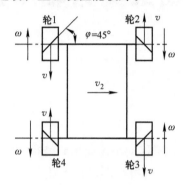

图 7-2　全方位移动小车的四轮驱动组合形式

7.1.2　Mecanum 轮与地面之间的传动关系

如图 7-2 所示，以轮 1、3 为例，当 Mecanum 轮与地面形成传动关系时，Mecanum 轮作为主动轮做旋转运动，轮毂上的腰鼓形辊子交替与地面接触形成摩擦传动。与地面接触时，腰鼓形辊子支撑轴中心点随轮毂转动的圆周线速度 v 的垂直方向与辊子轴线的夹角（即偏置角）为 φ（一般为 45°），其关系与图 2-6c 或图 2-6d 传动关系形式一致。同理，轮 2、4 与图 2-6a 或图 2-6d 传动关系形式一致。腰鼓形辊子与地面接触时形成的传动关系符合交错轴摩擦轮传动关系，此时腰鼓形辊子与其支撑轴相当于图 2-6 中的摩擦轮和支撑轴。因此，腰鼓形辊子随轮毂转动与地面接触时，腰鼓形辊子不仅绕自身轴线（支撑轴）发生转动，同时产生沿辊子轴线（支撑轴）方向的移动（即腰鼓形辊子做螺旋运动形式的纯滚动），其中在左右和前后运动时还伴随着腰鼓形辊子运动形式变换。由于腰鼓形辊子支撑轴被轮毂约束，因而转换为整个 Mecanum 轮的移动，而 Mecanum 轮与车架连接，其移动即为小车移动。随着腰鼓形辊子交替与地面接触使整个轮子形成连续的移动（即小车运动）。当小车的 4 个轮子按一定规律驱动时可实现小车左右、前后、旋转和斜向全方位运动。

7.1.3　小车运动分析

对于 4 个 Mecanum 轮的全方位移动小车，每个（组）Mecanum 轮上与地面接触的腰鼓形辊子的运动转换为小车的运动，即小车运动是由 4 个 Mecanum 轮上的腰鼓形辊子的运动形成的。以图 7-2 结构形式的小车为例，运用交错轴摩擦轮传动特例——轮地交错轴摩擦传动原理中摩擦轮沿支撑轴运动的相对速度［见式（2-10）］对小车进行运动分析。

设 Mecanum 轮驱动角速度为 ω，转动方向如图 7-2 所示，腰鼓形辊子支撑轴轴线转动线速度（即相当于图 2-6 中支撑轴移动速度）和转动半径分别为 v、R，则 $v = \omega R$。

1. 斜向运动

如图 7-3 所示，小车斜向运动时，仅需要小车一条对角线上的 Mecanum 轮做旋转运动，此时对角线上 2 个 Mecanum 轮（轮 1、3）上与地面接触的腰鼓形辊子沿其支撑轴轴线方向移动，共同作用使小车形成斜向运动。

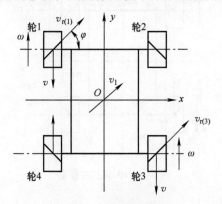

图 7-3　小车斜向运动

由式（2-10）可知，与地面接触的腰鼓形辊子沿其支撑轴轴线方向移动的相对速度 $v_{r(1)}$、$v_{r(3)}$ 均为 $v\sin\varphi$，Mecanum 轮（轮 1、3）做同向运动，小车斜向运动的移动速度为

$$v_1 = v\sin\varphi$$

上述分析中，设定轮 2、4 的角速度 $\omega = 0$，仅适用于目前偏置角 φ 为 45°的小车沿其方向的运动分析。当偏置角 $\varphi \neq 45°$ 时，需通过计算配置两轮的协调角速度，才能使小车沿 φ 方向斜向运动。

2. 左右运动

如图 7-4 所示，小车左右运动时，小车两条对角线上 2 组 Mecanum 轮（轮 1、3 为 1 组；轮 2、4 为 1 组）上与地面接触的腰鼓形辊子沿其支撑轴轴线方向移动，使小车实现左右运动。

由小车斜向运动可知，Mecanum 轮（轮 1、3）与小车斜向运动一样，与地面接触的腰鼓形辊子沿其支撑轴轴线方向移动的同向相对速度为 $v_{r(1)}$、$v_{r(3)}$；同理，Mecanum 轮（轮 2、4）与地面接触的腰鼓形辊子沿其支撑轴轴线方向移动的同向相对速度为 $v_{r(2)}$、$v_{r(4)}$。$v_{r(1)}$、$v_{r(2)}$、$v_{r(3)}$、$v_{r(4)}$ 在 y 轴方向的分量为 $v_{ry(1)}$、$v_{ry(2)}$、$v_{ry(3)}$、$v_{ry(4)}$，由图 7-4 可知，小车在 y 轴方向无运动速度，相当于在 y 轴方向小车运动受限，此时腰鼓形辊子与地面的交错轴摩擦轮传动方式发生改变，形成腰鼓形辊子仅沿 x 轴方向的运动。由第 2 章可知，腰鼓形辊子仅沿 x 轴方向运动时其速度为 $v\tan\varphi$，且此时 4 个 Mecanum 轮上与地面接触的腰鼓形辊子沿 x 轴方向的运动速度均为 $v\tan\varphi$，因而小车沿 x 轴方向的运动速度为

$$v_2 = v\tan\varphi$$

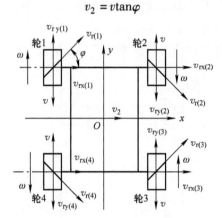

图 7-4 小车左右移动

3. 前后运动

如图 7-5 所示，小车前后运动时，小车两条对角线上 2 组 Mecanum 轮（轮 1、3 为 1 组；轮 2、4 为 1 组）上与地面接触的腰鼓形辊子沿其支撑轴轴线方向移动，使小车实现前后运动。

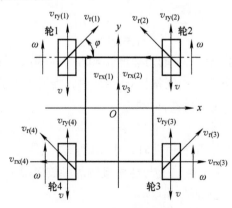

图 7-5 小车前后移动

与小车左右运动同理，Mecanum 轮（轮 1、3）和 Mecanum 轮（轮 2、4）上与地面接触的腰鼓形辊子沿其支撑轴轴线方向移动的同步相对速度分别为 $v_{r(1)}$、$v_{r(3)}$ 和 $v_{r(2)}$、$v_{r(4)}$。$v_{r(1)}$、$v_{r(2)}$、$v_{r(3)}$、$v_{r(4)}$ 在 x 轴方向的分量为 $v_{rx(1)}$、$v_{rx(2)}$、$v_{rx(3)}$、$v_{rx(4)}$，由图 7-5 可知，小车在 x 轴方向无运动速度，相当于在 x 轴方向小车运动受限，小车仅存在 y 轴方向运动，此时腰鼓形辊子与地面之间的摩擦传动不属于交错轴摩擦轮传动，而是转化成腰鼓形辊子相对于地面作平面运动，从而使 Mecanum 轮随腰鼓形辊子支撑轴移动，其移动运动速度为 v，且此时 4 个 Mecanum 轮上腰鼓形辊子支撑轴均以 v 移动，因而小车沿 y 轴方向的运动速度为

$$v_3 = v$$

4. 旋转运动

如图 7-6 所示，小车旋转运动时，小车 4 个 Mecanum 轮（1、3、2、4）上与地面接触的腰鼓形辊子沿其支撑轴轴线方向的速度，共同作用使小车形成旋转运动。

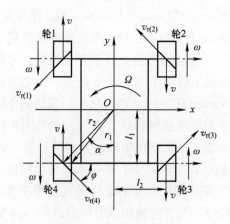

图 7-6　小车旋转运动

同理，与地面接触的腰鼓形辊子沿其支撑轴轴线方向移动的相对速度 $v_{r(1)}$、$v_{r(2)}$、$v_{r(3)}$ 和 $v_{r(4)}$ 均为 $v\sin\varphi$，这 4 个相对速度对绕小车四轮几何中心 O 形成同向转动，则小车旋转速度 Ω 为

$$
\begin{aligned}
\Omega &= v\sin\varphi / r_1 \\
&= v\sin\varphi / [\, r_2 \cos(\alpha - \varphi)\,] \\
&= v\sin\varphi / [\, r_2 (\cos\alpha\cos\varphi + \sin\alpha\sin\varphi)\,] \\
&= v\sin\varphi / (\, l_1 \cos\varphi + l_2 \sin\varphi\,)
\end{aligned}
$$

式中　r_1——点 O 到腰鼓形辊子轴线的垂直距离（mm）；

　　　r_2——点 O 到轮中心的距离（mm）；

　　　α——点 O 到轮中心连线与 y 轴夹角（°）；

　　　l_1——小车前后轮轮轴间距的 1/2（mm）；

　　　l_2——小车左右轮轮轴间距的 1/2（mm）。

5. 偏置角为 45°时小车运动速度计算方法

当腰鼓形辊子偏置角为 45°时，由 $v = R\omega$，小车 4 种运动方式的速度计算方法为

小车斜向运动速度 v_1 为

$$v_1 = v\sin\varphi = \sqrt{2}R\omega/2$$

小车左右运动速度 v_2 为

$$v_2 = v\tan\varphi = R\omega$$

小车前后运动速度 v_3 为

$$v_3 = v = R\omega$$

小车旋转运动速度 Ω 为

$$\Omega = v\sin\varphi/(l_1\cos\varphi + l_2\sin\varphi) = R\omega/(l_1 + l_2)$$

小车 4 个 Mecanum 轮上与地面接触的腰鼓形辊子沿其支撑轴轴线方向的运动共同使小车产生运动，但运动传递方式不完全相同，可归纳两类：①在小车各向移动时，小车对角线上的 2 个 Mecanum 轮（一组之间）属同向作用轮，两条对角线上的 4 个 Mecanum 轮之间（两组之间）属协同作用轮，协同作用轮与地面接触的腰鼓形辊子沿其支撑轴轴线方向的运动共同作用于小车，协同作用轮与地面接触的腰鼓形辊子沿其支撑轴轴线方向的运动（速度）形成小车运动（速度）；②在小车旋转时，小车的 4 个 Mecanum 轮属同向作用轮，其与地面接触的腰鼓形辊子沿其支撑轴轴线方向的运动共同作用于小车，4 个同向作用轮与地面接触的腰鼓形辊子沿其支撑轴轴线方向的运动（速度）形成小车的转动（速度）。

7.1.4　小结

运用轮地交错轴摩擦轮传动原理阐述了基于 Mecanum 轮的全方位移动小车的运动关系，全方位移动小车的 Mecanum 轮上腰鼓形辊子与地面接触形成的传动关系属于交错轴摩擦轮传动，构建的小车运动速度分析及计算方法与采用矩阵变换法和矢量分析法推导的结果相一致，分析过程更加直观和简洁。4 个 Mecanum 轮运动组合与小车运动的关系如表 7-1 所示。

表 7-1　Mecanum 4 轮运动组合与小车运动的关系

Mecanum 轮转速				小车运动	
1	2	3	4	方向	速度
ω	0	ω	0	斜向	$\sqrt{2}R\omega/2$
ω	$-\omega$	ω	$-\omega$	左右	$R\omega$
ω	ω	ω	ω	前后	$R\omega$
ω	$-\omega$	$-\omega$	ω	旋转	$R\omega/(l_1+l_2)$

7.2　蛙式运动车运动分析

7.2.1　蛙式运动车

　　蛙式运动车如图 7-7 所示，主要由导向轮、万向轮、踏板等组成，结构如图 7-8a 所示。蛙式运动车的传动关系是，人站在踏板上，两腿重复作一开一合（外推和内收）运动，通过踏板带动两万向轮的运动（整体的移动和轮子的转动）和姿态交替呈现如图 7-8b 和图 7-8c 的变化，此时两万向轮与地面（假设地面是展开的圆柱体的表面）形成轴线交错的摩擦轮传动关系，从而使两万向轮的轴向运动转化为蛙式运动车整体的前进运动（直线移动）。

图 7-7　蛙式运动车

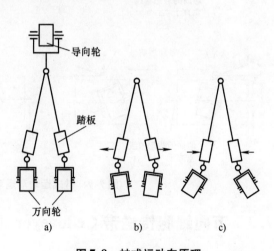

图 7-8　蛙式运动车原理

a）蛙式运动车结构　b）踏板外推　c）踏板内收

7.2.2 运动分析

蛙式运动车驱动力来源于两个后轮,其两个后轮设置为万向轮结构,运动时两脚分别站在两个踏板上,两腿重复做一开一合运动,两后轮交替呈现"内八""外八"形状,推动力便由此产生。

当蛙式运动车的两踏板在人两脚作用下向外推或向内收时,两万向轮(驱动轮)与地面在摩擦力作用下形成交错轴摩擦轮传动,由交错轴摩擦轮传动原理可知,在其传动中产生一个使蛙式运动车整车向前运动的移动速度,即两踏板的摆动通过万向轮(驱动轮)与地面之间的交错轴摩擦轮的传动作用转换成蛙式运动车整车的前进运动。

运用交错轴摩擦轮轴向运动判别方法,假设地面为主动轮,由相对运动原理可知,地面的假想运动速度方向为 v_{z2}、v_{y2},对蛙式运动车进行运动学分析,如图 7-9 所示。从整车分析,无论向外推还是向内收,v_{z2}、v_{y2} 产生的轴向运动形成抵消,而 v_{z1}、v_{y1} 产生的轴向运动形成叠加,从而使整车形成前进运动。

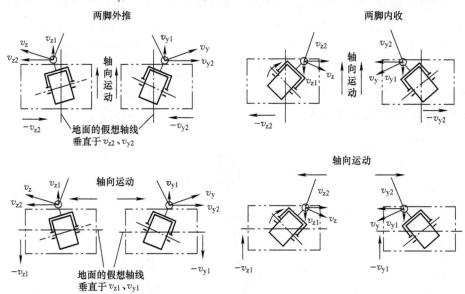

图 7-9　蛙式运动车运动学分析

7.3　万向细胞传送带 Celluveyor（物流输送）

德国不莱梅大学生产与物流研究所(BIBA)推出了一款模块化的万向细胞传送带 Celluveyor。它将使快递分拣和传送变得更加灵活和迅速。

　　不同于普通的传送带，Celluveyor 是一套以细胞输送技术为基础的模块化输送和定位系统。如图 7-10 所示，它由一个个六边形的细胞模块组成，每个细胞模块都包含了三个特定安排的全向轮。每个轮子可以独立工作，六边形细胞模块是 Celluveyor 的核心，每个模块间均采用机械连接，方便添加和分离。这使物流操作员能够在任意轨道上同时或独立地移动和定位多个物体。

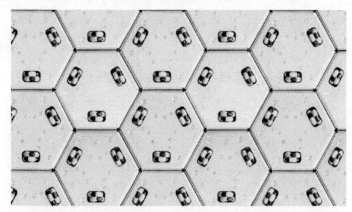

图 7-10　模块化的万向细胞（六边形细胞模块）传送带

　　全向轮的轮毂外围安装有一周与轮毂轴线呈一定角度的无动力辊子，这些辊子不仅可绕轮毂轴公转，也能在地面摩擦力作用下绕各自的支撑轴自转。通过改变各轮毂速度的线性组合，可以控制运动系统中心合速度大小和方向，使机器人实现平面 3 自由度全方位运动。

　　快递在 Celluveyor 上转向的过程如图 7-11 所示。快递在 Celluveyor 上能够实

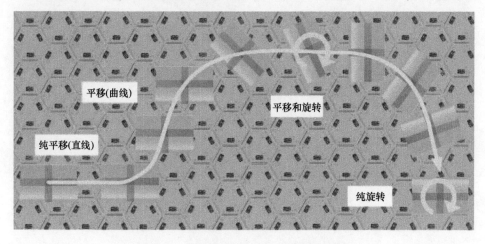

图 7-11　快递在 Celluveyor 上转向的过程

现的动作非常多样，不只有曲线运动，还可像"俄罗斯方块"一样旋转对齐，如图 7-12 所示。从传送带变为分拣机或者自动码垛机，只需要按一下按钮。

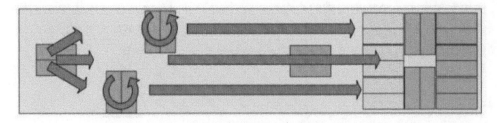

图 7-12　快递的多种运动方式

第 **8** 章
交错轴摩擦轮传动的定型产品及其应用

8.1 德国 UHING 公司产品

8.1.1 光杆排线器（变速器）

　　20 世纪 50 年代，德国 UHING 公司应用内接触交错轴摩擦轮传动开发了两款回转运动转换成直线运动的传动装置，分别为滚动环传动（又称为光轴转环直线移动式无级变速器、转环直动式无级变速器、光杆排线器、转环直动变速器）和直线传动螺母（又称为直动螺母、无牙螺母），并形成了产品标准化和系列化及应用的成套化。

　　滚动环传动产品分为 RG/ARG 系列各 16 个型号（见图 8-1）、RGK/ARGK 系列 3 个和 2 个型号、KI/AKI 系列各 1 个型号，其中 RG/ARG 系列中滚动环设置了 3 个和 4 个，其结构如图 8-2 所示，滚动环（即斜轮）的偏置角 β 可在 $-15° \sim 15°$ 范围内变化，调整偏置角可改变光轴每转一周滑块（滚动环的安装座）移动的位移（类似于螺旋传动螺距），从正偏置角调整到负偏置角可实现

图 8-1　滚动环传动产品外观

滑块的反向移动，当偏置角为0°时滑块移动停止，因此，具有无级调整滑块移动速度（位移）、不改变光轴旋转方向时瞬时换向（往复运动）、传动结合与分离的释放装置、高速运行特点。

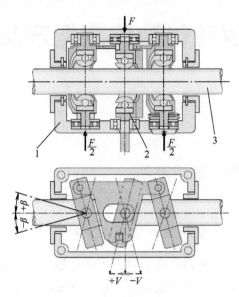

图 8-2　滚动环传动的结构示意图
1—滑块　2—滚动环　3—光轴

8.1.2　直线传动螺母

德国 UHING 公司的直线传动螺母产品为 RS/ARS 系列共 10 种型号，其传动原理同滚动环传动，但滚动环的偏置角固定。它可应用于自动化设备、精密仪器、三坐标测量机、全自动影像仪、丝网印刷机、玻璃制造装备、搬运装置、自动包装机等设备上（见图 8-3 ~ 图 8-5）。

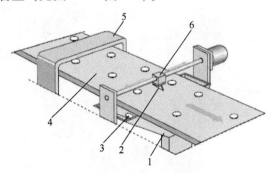

图 8-3　受污染食品的清除
1—料斗　2—推料部件　3—受污染的食品　4—高速输送带　5—探测器　6—直线传动螺母

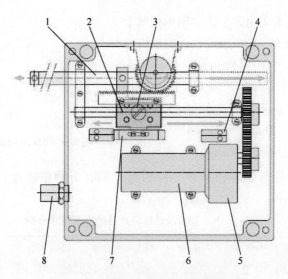

图 8-4　船舶发动机速度控制设定装置

1—调整杆　2—直线传动螺母　3—光轴　4—用于速度控制和离合器执行的端部开关
5—齿轮箱　6—电动机　7—用于接合端部开关的滑杆　8—电缆入口

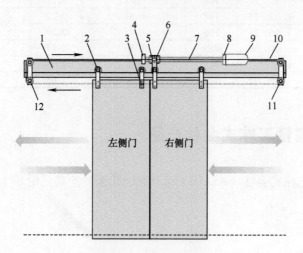

左侧门　右侧门

图 8-5　双滑动门驱动

1—导向轨道　2—托辊　3、6—钢丝绳夹　4、8—轴承　5—直线传动螺母
7—光轴　9—电动机　10—钢丝绳　11、12—尾滑轮

8.2　日本 NB 株式会社产品

　　日本 NB 株式会社应用外接触交错轴摩擦轮传动开发了回转运动转换成直
线运动的传动装置，称为滑动螺杆或滑动螺旋杆或直线驱动装置。图 8-6 所示

产品的结构形式为 2 组 3 个滚动轴承相对于
光轴轴线 120°分布，6 个滚动轴承的轴线与
光轴轴线偏置一个相同的角度，并将 6 个
滚动轴承的外圈压紧在光轴上。该公司提
供的产品为 SS 系列，其光轴直径分别为
6mm、 8mm、 10mm、 12mm、 13mm、
16mm、20mm、25mm、30mm（见表 8-1），

图 8-6　NB 滑动螺杆产品外观

除轴径 25mm 以外每个轴径下有 2 种螺距（即有 2 种偏置角），一共有 17 个
产品。

表 8-1　NB 公司滑动螺杆产品的主要技术参数

公称 型号	轴径 d/ mm	标准导程/ mm	最大推力/ N	最大紧固力矩/ （N·m）	质量/ kg	轴承偏置角/ （°）
SS6	6	6，9	24.5	0.03	0.03	17.7，25.5
SS8	8	8，12	73.5	0.14	0.09	17.7，25.5
SS10	10	10，15	118	0.25	0.17	17.7，25.5
SS12	12	12，18	147	0.31	0.22	17.7，25.5
SS13	13	13，15	147	0.31	0.22	17.7，20.2
SS16	16	16，24	196	0.41	0.39	17.7，25.5
SS20	20	20，30	265	0.56	0.57	17.7，25.5
SS25	25	25	392	1.1	1.05	17.7
SS30	30	30，45	539	1.4	1.65	17.7，25.5

8.3　日本旭精工株式会社产品

日本旭精工株式会社（ASAHI）生产的 AR 系列产品见图 8-7，也称为无螺

图 8-7　ASAHI AR 系列产品外观

导杆、线性回转轴承、无牙导杆、无牙螺杆、无牙螺母、直线回转轴承等。系列产品轴径为 15mm、20mm、25mm 3 种尺寸（见表 8-2），又分左右旋向，共 6 种型号（AR15R、AR15L，AR20R、AR20L，AR25R、AR25L），可实现多种运动需求（见图 8-8）。它可应用于工业机器人、贴标机、自动门、包装机、测定器、高处窗的自动开关装置、印刷机等设备上。

表 8-2　ASAHI 公司无牙螺母产品的主要技术参数

公称型号	轴径 d/mm	标准导程/mm	最大推力/N	无负载力矩/（N·cm）	质量/kg	偏置角/（°）
AR15R AR15RC AR15L AR15LC	15	7.5	255	3.04	0.23	9
AR15R AR15RC AR15L AR15LC	20	10	412	8.04	0.55	9
AR15R AR15RC AR15L AR15LC	25	12.5	588	18.03	0.76	9

注：R 表示右旋转，L 表示左旋转，C 表示带盖。

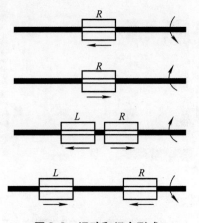

图 8-8　运动和组合形式

8.4 国产排线器产品

20 世纪 70 年代，上海市电缆研究所五室借鉴国外经验研制开发了 $\phi15\text{mm}$ 光杆排线装置（即光杆排线器），在上海电线一厂、上海电缆厂及有关工厂开始使用，并在绞线机上使用。20 世纪 80 年代，山西省新绛县店头排线器厂（现称为山西天祥机械股份有限公司）试制了光杆排线器，1989 年通过标准局制定了产品标准，成为电线电缆工业、纺织厂和塑料制品厂线绳、带子等成圈收线以及复绕成盘的升级换代的新产品。目前在新绛县及周边地区形成产业集群，主要有 GP 和 PX 系列产品。国内也开展了光杆排线器（变速器）的应用研究。图 8-9 所示为 GP 型、PX 型产品和 GP 系列产品及其应用。

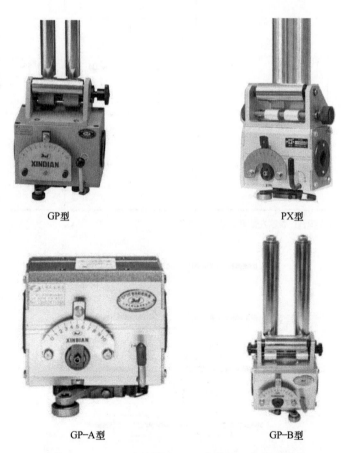

GP型　　　　　　　　　　　　　　　PX型

GP-A型　　　　　　　　　　　　　　GP-B型

图 8-9　GP 型、PX 型产品和 GP 系列产品及其应用

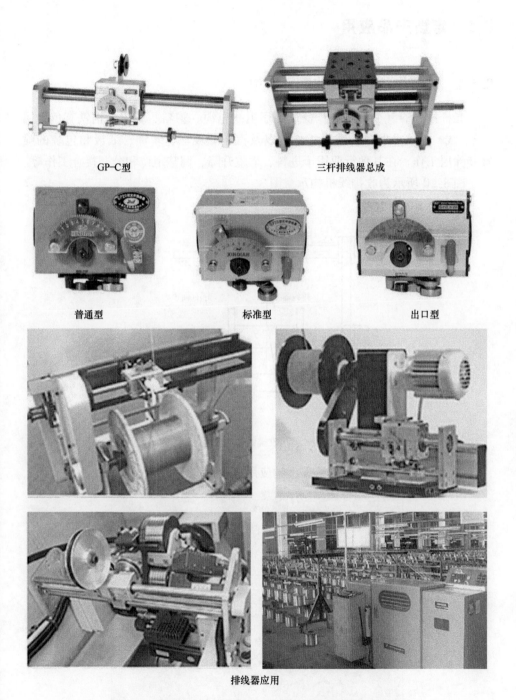

GP–C 型　　　　　　　　　　三杆排线器总成

普通型　　　　　　　　标准型　　　　　　　　出口型

排线器应用

图 8-9　GP 型、PX 型产品和 GP 系列产品及其应用（续）

8.5 定型产品应用

8.5.1 光杆排线器（变速器）应用

光杆排线器（变速器）广泛应用于电线电缆、塑料、纺织、钢铁有色金属（丝、线）等行业收排和缠绕工作，以及汽车、玻璃、装饰、纸板和包装的喷雾和涂层工作，在其他行业用于进料、举重升降、调整定位和分开接合工作等。

图 8-10 所示为收排线机构示意图。

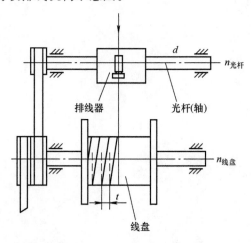

图 8-10 收排线机构示意图

1. 光杆排线器在收排线装置上的应用（见图 8-11）

图 8-11 光杆排线器应用——带激光传感器 FA 的非接触法兰检测系统

2. 光杆排线器在蛋糕的生产上应用（见图8-12）

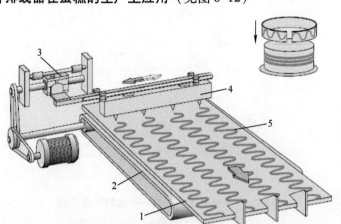

图 8-12　光杆排线器应用——蛋糕的生产
1—宽条状蛋糕　2—输送带　3—光杆排线器　4—出口流道　5—巧克力

3. 光杆排线器在输送清洗上应用（见图8-13）

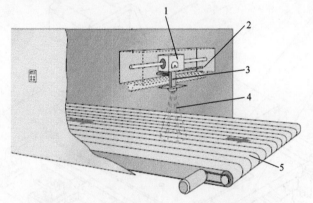

图 8-13　光杆排线器应用——高压水清洗输送带
1—光杆排线器　2—加压供水　3—喷嘴托架　4—喷雾锥　5—输送带

4. 光杆排线器在边料绕盘成圈上应用（见图8-14）

8.5.2　细胞检测显微镜的载玻片前后移动驱动装置

图8-15所示为细胞检测显微镜的载玻片前后移动驱动装置结构示意图（专利号：201821056027.2），其中载玻片前后移动驱动部分由底板、电动机、固定轴承座、支撑轴承座、精密滑台、光杆、无牙螺母、推动块、推杆、预紧调节装置和万向轮等组成。当电动机驱动时，光杆转动使无牙螺母沿光杆轴向方向

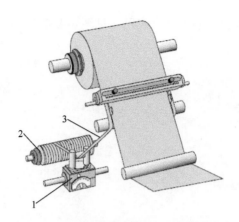

图 8-14 光杆排线器应用——边料绕盘成圈

1—光杆排线器 2—缠绕芯 3—切下的边料

移动，通过与无牙螺母固定连接的推动块及推杆（两者一体）带动精密滑台移动，从而实现载玻片前后移动。由于该移动驱动装置底板分成两块，一块设置

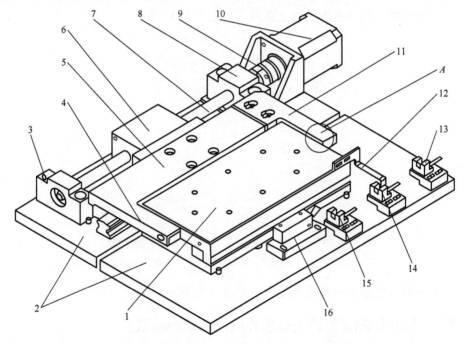

图 8-15 细胞检测显微镜的载玻片前后移动驱动装置结构示意图

1—精密滑台 2—底板 3—支撑轴承座 4—推杆 5—推动块 6—无牙螺母 7—光杆
8—固定轴承座 9—联轴器 10—电动机 11—预紧调节装置 12—感应挡板 13—第一光电限位开关
14—第二光电限位开关 15—第三光电限位开关 16—光栅尺

安装电动机、固定轴承座、支撑轴承座、光杆、无牙螺母、推动块、推杆、预紧调节装置，另一块设置安装精密滑台、万向轮、感应挡板、第一光电限位开关、第二光电限位开关、第三光电限位开关、光栅尺以及采用光杆和无牙螺母进行运动形式转换，克服了传统整体底板和丝杆传动的不足，使精密滑台上表面同一位置平行于运动方向的重复定位精度在 $-1\mu m$ 至 $1\mu m$ 之间。

8.5.3　多肉植物养护装置

图 8-16 所示为多肉植物养护装置结构示意图（专利号：201920699857.5）。该装置同时放置两排同规格的栽培盆，每排栽培盆上方设置了应用无牙螺杆实现可移动的喷灌装置，喷灌装置包括电动机、无牙螺杆、移动座和连接杆以及安装在移动座上的水箱、水泵、雾化喷头。喷灌时，由电动机带动无牙螺杆转动，通过无牙螺母转换从而带动移动座，喷头即对并排放置的多组栽培盆中的多肉植物进行喷灌。

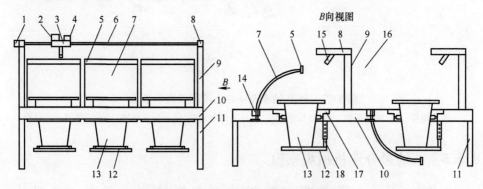

图 8-16　多肉植物养护装置结构示意图

1—电动机　2—水箱　3—移动座　4—水泵　5—卡片　6—无牙螺杆
7—散光板　8—连接杆　9—支杆　10—固定板　11—支腿　12—承载板　13—栽培盆
14—卡槽　15—雾化喷头　16—喷灌装置　17—容纳槽　18—伸缩杆

8.5.4　PCB 检测系统

图 8-17 所示为 PCB 检测系统中上检测机构示意图（专利号：201821176870.4），主要包括横移电动机、升降电动机、无牙螺杆、运动滑块、压板结构和铜厚测量传感器。工作时横移电动机与无牙螺杆的一端固定连接，将无牙螺杆的旋转运动通过无牙螺母转换为运动滑块（运动滑块与无牙螺母一体）的直线运动，由此实现铜厚测量传感器在水平方向的移动；而升降电动机与压板结构连接，控制压板结构升降，再实现铜厚测量传感器在竖直方向的移

动；这样铜厚测量传感器的探头即可实现 PCB 其中一面的多点铜厚测量。PCB板铜厚检测一般要检测双面，故在图 8-17 所示结构下面设置一套相同的检测机构即可实现对 PCB 双面多点的自动铜厚测试，自动化程度高，能有效提高生产率，节约企业人力成本。

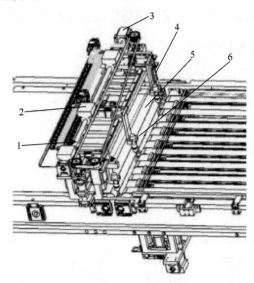

图 8-17　PCB 检测系统中上检测机构示意图

1—无牙螺杆　2—运动滑块　3—横移电动机　4—升降电动机　5—压板结构　6—铜厚测量传感器

8.5.5　茶油果分选机用观察窗

图 8-18 所示为茶油果分选机用观察窗结构示意图（专利号：201820313446.3）。无牙螺杆一端连接有电动机，另一端安装在固定框架侧边对称焊接的连接架上，两组连接架之间的无牙螺杆上套设有无牙螺母，无牙螺母的底端固定连接在外板的上端面；固定板一侧边与固定框架内侧壁固定焊接，固定板的另一侧边与内板的一侧边固定焊接，而内板直接插接在外板内部，移动自如。工作时电动机带动无牙螺杆转动时，通过无牙螺母将旋转运动变为直线运动，从而带动外板在格栅上方移动，实现打开或关闭窗口。可通过固定框架内部的格栅对分选机内部情况进行观察。

8.5.6　地埋式污水处理设备

图 8-19 所示为地埋式污水处理设备结构示意图（专利号：201920570530.8），为一箱式结构。日常位于地平以下，整个箱体的底部四个方向分别设置有支架用于支撑污水处理设备，在对角还安装了第一伺服电动机机构和第二伺

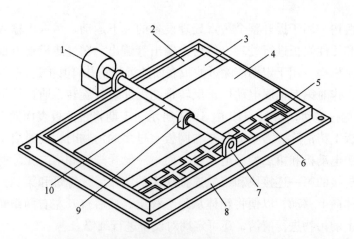

图 8-18　茶油果分选机用观察窗结构示意图

1—电动机　2—固定板　3—内板　4—外板　5—滑轨
6—格栅　7—连接架　8—固定框架　9—无牙螺母　10—无牙螺杆

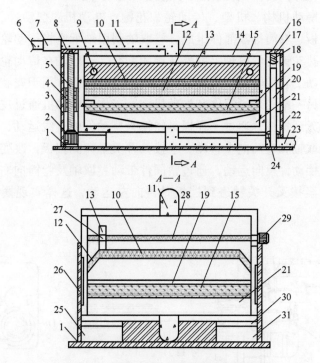

图 8-19　地埋式污水处理设备结构示意图

1—底座　2—第一伺服电动机　3—第一下挡板　4—第一无牙螺母　5—第一无牙螺杆　6—进水管
7—丝扣　8—第一保护罩　9—驱动件　10—过滤板　11—输入管　12—网板　13—刮板　14—箱体
15—活性炭板　16—连接　17—第二上挡板　18—第二无牙螺母　19—限位板　20—第二滑杆
21—直角三角形滑块　22—第二提升件　23—输出管　24—第二伺服电动机　25—支架　26—前挡板
27—第三无牙螺母　28—第三无牙螺杆　29—第三伺服电动机　30—缓冲垫　31—支块

服电动机机构，用于提升整个污水处理设备的上下运动。污水由输入管流入经过过滤板和活性炭板进行处理，然后由输出管流出。在过滤板上方设置了第三伺服电动机机构，用于定期清除过滤板表面的沉积物并将其推送到左右网板上。

日常工作时第三伺服电动机正反转带动无牙螺杆旋转，通过第三无牙螺母带动刮板左右移动，如图 8-19 中 A—A 所示，定期将过滤板表面的沉积物推送到左右网板上待清除。需要清除左右网板上过多的污物时，同时启动底部安装的第一伺服电动机和第二伺服电动机，而第一无牙螺杆和第二无牙螺杆分别带动与箱体连接的第一连接块和第二连接块中的第一无牙螺母和第二无牙螺母由此带动箱体向上移动，以便将箱体从地下移出，然后打开左右两组箱门，对堆积在网板上的污物进行清洁，还可定期对设备进行维修。

8.5.7 废料卷取机

图 8-20 所示为废料卷取机结构示意图（专利号：201220679460.8）。它主要由卷取轴、摆动机构、机架、传动轮、花键、电动机、摆动件、拨叉开关、无牙螺杆、挡板、卷筒等零部件组成。卷取轴利用轴承座将传动轮安装在机架上，传动轮内孔花键与卷取轴上的外花键相配合，卷取轴在传动轮内既能转动也能够轴向移动。卷取轴的一端伸出到机架的右侧外面，用于安装卷筒收卷废料。卷取轴的另一端安装紧固件和摆动机构。工作时电动机通过皮带将动力传递给传动轮和无牙螺杆，通过无牙螺母转换为摆动件的直线运动，摆动件通过紧固件带动卷取轴和卷筒向左移动，当拨叉开关触碰到挡板，改变无牙螺母运动方向，驱使摆动件反向运动，通过紧固件带动卷取轴及卷筒向右移动；当摆动件直线运动至拨叉开关触碰到挡板时再向左运动，这样实现摆动件的往复运动。

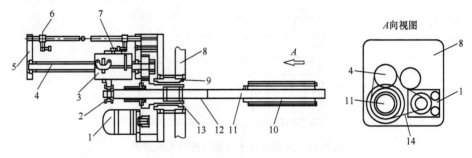

图 8-20　废料卷取机结构示意图

1—电动机　2—紧固件　3—摆动件　4—无牙螺杆　5—摆动机构　6—挡板　7—拨叉开关　8—机架
9—轴承座　10—卷筒　11—卷取轴　12—花键　13—传动轮　14—皮带

8.5.8　异形瓶体定位夹具

图 8-21 所示为异形瓶体定位夹具结构示意图（专利号：20222221 6665.9），应用于瓶体的外形规格尺寸或外观瑕疵的扫描检测，通常将瓶体立放或横放于测量仪的扫描区域内，测量仪的扫描端位于瓶体的上方处，对瓶体进行扫描检测。当瓶体横放于测量仪上时，瓶体易发生滚动，需通过夹具夹持瓶体的瓶身处来达到固定的目的。

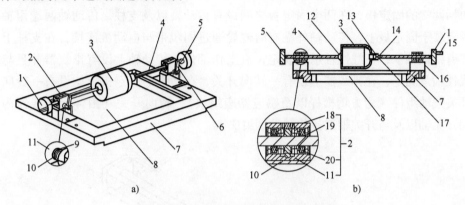

图 8-21　异形瓶体定位夹具结构示意图

a）结构示意图　b）局部剖视图

1—手转盘　2—无牙螺母　3—瓶体　4—光杆　5—安装管　6—开关扳手　7—安装架　8—定位区
9—弹性件　10—开关轴　11—外壳　12—吸盘件　13—活塞件　14—安装件　15—驱动把
16—支撑架　17—安装孔　18—楔块组　19—活动槽　20—轴承组

异形瓶体定位夹具主体结构主要包括安装架，安装架为矩形框架，安装架设置有定位区，安装架两侧均设置有至少一个平移组件，平移组件包括光杆和套设于光杆上的无牙螺母，安装架设置有供无牙螺母拆卸式连接的支撑架，无牙螺母设置于支撑架的顶部。光杆位于定位区内的端部为驱动端，两个驱动端相对设置并沿同一直线方向移动，两个驱动端分别设置有吸盘件和活塞件，吸盘件与瓶体的瓶底相抵紧，活塞件与瓶体的瓶口处相抵紧。

该夹具夹持带有异形瓶身的瓶体时，通过将瓶体横放在定位区内，瓶体的瓶口与活塞件对应，瓶体的瓶底与吸盘件对应，抓握驱动把来旋转手转盘，带动光杆旋转，用以驱动平移组件，平移组件通过光杆和无牙螺母的摩擦传动，使得旋转的光杆沿直线方向朝定位区一侧靠近或远离，吸盘件向瓶底靠近并抵紧，使得其中一个光杆的驱动端和瓶底连接，活塞插入瓶口内，使得另一个光杆的驱动端与瓶口连接，完成对瓶体的夹持固定，支撑架的设置使得平移组件高于安装架，确保瓶体夹持后始终位于安装架的上方处。工作人员操作该夹具时，通过对瓶体的瓶底和瓶口处进行夹持，对异形瓶身的适用性较好，且瓶体夹持后，还可分别旋转两个光杆，用以调整瓶体在定位区内的位置，光杆和无牙螺母的摩擦传动，可避免回程间隙，位移精度较高，确保瓶体精准定位于正确位置。

8.5.9 无牙螺杆推料组

图 8-22 所示为无牙螺杆推料组结构示意图（专利号：201420422938.8），包括两端的固定板，在两个固定板之间设有传动轴以及支柱，传动轴两端用轴承安装于固定板上，传动轴外端有时规轮通过同步带与电动机连接，在支柱上装有线性轴承，在线性轴承上固定设有工作部件，传动轴上设有排线器并且与线性轴承固定，在排线器上设有一转向开关，在两端的固定板上均设有一转向开关拨动组件（由方钢横杆以及感应器座组成），转向开关（由伸入排线器内的开关轴以及与开关轴连接的转动柄组成）。

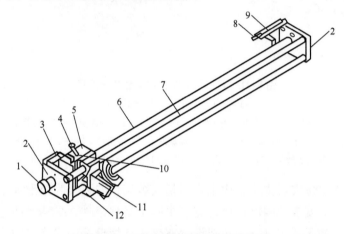

图 8-22　无牙螺杆推料组结构示意图

1—时规轮　2—固定板　3—转向开关拨动组件　4—转动柄　5—排线器　6—传动轴　7—支柱
8—感应器座　9—方钢横杆　10—开关轴　11—工作部件　12—线性轴承

无牙螺杆推料组结构的运动过程为：电动机利用同步带带动时规轮驱动传动轴转动，传动轴带动排线器运动，排线器带动支柱上的线性轴承以及工作部件运动，当排线器运动到固定板位置时，固定板上的感应器座推动转动柄转动，改变排线器的运动方向，排线器向反向运动，当到达另一端的固定板时，通过另一端固定板上的感应器座推动转动柄向相反方向转动，改变排线器的运动方向，能够实现排线器的往复运动。

8.5.10　EPS 保温板成形机

图 8-23 所示为 EPS 保温板成形机结构示意图（专利号：201922240 458.5），主要由机体、单螺杆机构、模具箱、进料斗、定量送料器、无牙螺杆、第一电动机、斗锥、无牙螺母、第二电动机、传送装置以及位于模具箱底部的退件装置等组成。

该 EPS 保温板成形机，在接入电源启动机器的情况下，EPS 保温板粉等材料从进料斗再进入定量送料器，定量送料器把一定量的材料送入单螺杆机构，从而使 EPS 材料在单螺杆机构中经过单螺杆的三道程序，最终把 EPS 保温板泥从斗锥的出口输送至模具箱，模具箱中 EPS 保温板成形后，第二电动机启动，带动无牙螺杆转动，使得无牙螺母往右侧水平移动，从而带动模具箱右移，模具箱移至传送装置位置上方时，位于模具箱底部的退件装置的两组液压伸缩杆推动推板，从而把成形 EPS 保温板推至传送带，通过传送带送入周转箱，打包入库或者发运。

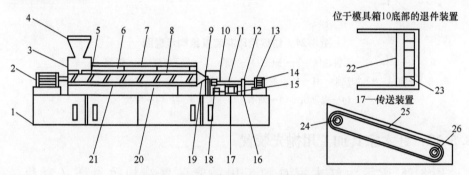

图 8-23　EPS 保温板成形机结构示意图

1—机体　2—第一电动机　3—定量送料器　4—进料斗　5—单螺杆　6—电加热装置　7—安全防护罩
8—单螺杆机构　9—挡板　10—模具箱　11—无牙螺杆　12—第一轴承　13—第二电动机
14—第二轴承　15—固定板　16—轴承底座　17—传送装置　18—无牙螺母　19—斗锥
20—底座　21—机筒　22—推板　23—液压伸缩杆　24—第二转轴　25—传送带　26—第一转轴

8.5.11　纺织用印花装置

图 8-24 所示为纺织用印花装置结构示意图（专利号：201620781025.4），包括印花装置本体、原料卷筒、压杆、滑轨、无牙螺杆、料盒、软管、布料、加热器、收料卷筒、控制装置、高度调节钮、喷头、电动机、轴承、无牙螺母、滑套等组成。

该纺织用印花装置工作时，控制装置控制从料盒经软管进入喷头的原料进行印花，加热器同时对已印好的布料进行加热烘干；无牙丝杆一端与电动机相连，另一端穿过无牙螺母，利用轴承固定在本体，无牙螺母与滑套固定连接并安装在滑轨上，控制装置控制电动机带动无牙螺杆转动，通过无牙螺母转化为直线运动，从而控制喷头进行来回印花，当送进段布料印花结束时，控制装置控制电动机工作带动收料卷筒转动，使得布料移动，喷头对新送进的布料进行印花。

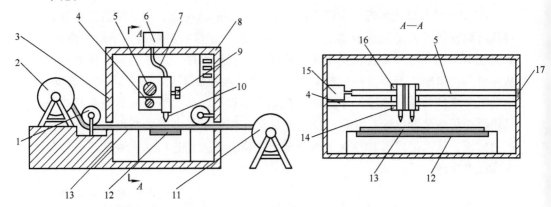

图 8-24　纺织用印花装置结构示意图

1—本体　2—原料卷筒　3—压杆　4—滑轨　5—无牙螺杆　6—料盒　7—软管
8—布料　9—加热器　10—收料卷筒　11—控制装置　12—高度调节钮　13—喷头
14—电动机　15—轴承　16—无牙螺母　17—滑套

8.5.12　红木家具加工用抛光装置

图 8-25 所示为红木家具加工用抛光装置结构示意图（专利号：201920114854.0），由夹持组件、无牙螺杆、滑座、抛光电动机、抛光轮、电动升降杆、升降板、抛光平台、移动座、支杆、夹持电动机、电动伸缩杆、固定架、夹持板、滑槽、顶头、螺纹杆、滑杆和往复电动机组成。

该抛光装置的夹持组件包括移动座、固定架、夹持板、顶头、螺纹杆、滑杆。在移动座的两端利用两组平行竖直安装的连接板支撑固定架，在两组连接板间通过轴承安装带有限位块的螺纹杆（两端为不同旋向的螺纹）与滑杆，在滑杆的中间固定有橡胶顶头。移动座通过电动伸缩杆推动移动支座在抛光平台上两组滑槽内滑动，用于左右方向加持被抛光红木直料；夹持电动机带动锥齿轮转动从而带动螺纹杆，由于螺纹杆两端为不同旋向的螺纹，可以同时带动加持板向内移动，前后加紧被抛光的红木直料。

在抛光平台的上平面四角固定焊接有竖直的支杆，在支杆的顶端通过轴承

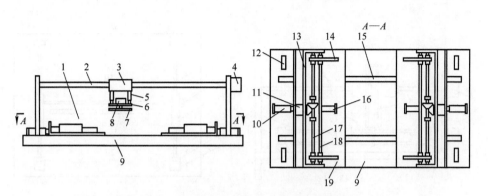

图 8-25   红木家具加工用抛光装置结构示意图

1—夹持组件 2—无牙螺杆 3—滑座 4—往复电动机 5—电动升降杆 6—升降板 7—抛光轮
8—抛光电动机 9—抛光平台 10—电动伸缩杆 11—夹持电动机 12—支杆 13—固定架 14—夹持板
15—滑槽 16—顶头 17—螺纹杆 18—滑杆 19—移动座

安装有无牙螺杆，无牙螺杆的另一端与往复电动机的机轴相连，无牙螺杆上通过无牙螺母连接有滑座，在滑座的下端面上固定电动升降杆，并与升降板相连，抛光电动机固定于升降板的上端面中心，机轴向下穿过升降板并固定连接有抛光轮，工作时往复电动机带动无牙螺杆转动，通过无牙螺母将旋转运动变为直线运动，从而对红木直板料进行抛光作业。

8.5.13   户外睡垫生产用布料剪切装置

图 8-26 所示为户外睡垫生产用布料剪切装置结构示意图（专利号：201921502597.4）。剪切平台安装在四组支腿上，其中部设置有贯通的剪切槽口，在剪切平台两端面安装有立板，一端通过轴承座支撑无牙丝杆，另一端安装第一电动机的机轴与无牙丝杆固定连接，第一移动座与无牙螺母套固定连接，固定套侧面竖直固定升降轨和升降块，升降块下方安装有剪切刀，电动伸缩杆驱动剪切刀上下移动。剪切平台平面上相对安装有两组同步移动的固定架，其上设置的转轴与剪切槽口平行，且剪切槽口在剪切刀正下方，转轴一端固定连接有一组固定架，另一端与第三电动机的机轴相连，在转轴上移动设置有第二移动座，第二移动座下方升降设置有抓取组件。

该户外睡垫生产用布料剪切装置工作时，带状剪切布料由剪切平台一端送入，通过第二电动机带动第一螺纹杆转动使得固定架移动，进而带动转轴以及下方的抓取组件移动，在抓取组件移动至布料送入端上方时，第三电动机带动转轴通过一对锥齿轮带动第二螺纹杆转动驱使螺纹套降下，带动整个抓取组件工作，并利用抓取组件有刺毛的抓取带进行布料抓取，随后反转第二电动机，

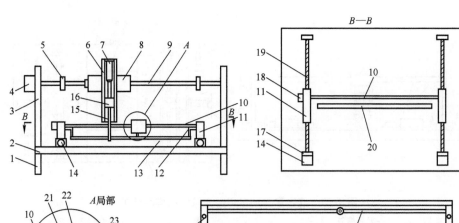

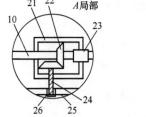

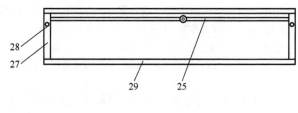

图 8-26 户外睡垫生产用布料剪切装置结构示意图

1—支腿 2—剪切平台 3—立板 4—第一电动机 5—限位块 6—升降轨 7—电动伸缩杆
8—第一移动座 9—无牙螺杆 10—转轴 11—固定架 12—固定杆 13—抓取组件
14—第二电动机 15—剪切刀 16—升降块 17—连接板 18—第三电动机 19—第一螺纹杆
20—剪切槽口 21—第二移动座 22—第一伞齿轮 23—滑套 24—第二螺纹杆 25—升降杆
26—螺纹套 27—连接杆 28—套管 29—抓取杆

利用抓取杆拉出布料，同时将两组抓取杆移至剪切刀下方两侧，通过第一电动机带动无牙螺杆转动，通过无牙螺母将转动变为稳定移动（利用限位块限位）；将第一移动座及其下方连接的剪切刀移至抓取杆一端上方，随后电动伸缩杆降下剪切刀，反转第一电动机移动剪切刀对布料进行剪切，此时第三电动机转动使得抓取组件下压布料，提高布料稳定性，抓取带上的刺毛设置为无倒钩刺，能够在抓取杆上提时与布料分离，分离后再次利用抓取组件抓取进行剪切，剪切好的布料被推动移出剪切平台。

8.5.14 玫瑰精油制取用清洗烘干装置

图 8-27 所示为玫瑰精油制取用清洗烘干装置结构示意图（专利号：201821927661.9），包括顶梁、移动罩、承接座、基座、水箱和电热风箱，基座两端竖直焊接的立柱固定连接有呈矩形状的顶梁，顶梁上通过滑杆和无牙螺杆安装有电动伸缩杆，电动伸缩杆的下端与移动罩的中心连接，移动罩顶端有进料口，底端开口处铰接有带有用于通风和沥水网孔的底板，基座上焊接有与移

动罩形状相同的承接座，承接座内部水平设置有网罩通孔的承接板，基座两侧分别安装有水箱和电热风箱。承接座内部腔室一侧通过出水管与第二水泵及水箱连通，水箱还通过进水管连接有移动罩内部的清洗喷头，形成一水洗循环。风机通过进风管连通电热风箱，热风由承接板上的通孔吹向移动罩内部。

　　玫瑰精油制取用清洗烘干装置工作原理：原料装入移动罩内，底板关闭，通过电动机及无牙螺杆的转动驱动无牙螺母（滑座与无牙螺母连接）并带动移动罩移动，到达正上方电动伸缩杆将移动罩放下，进入承接座内部，关闭进风管上的阀门，开启出水管上的阀门，通过第一水泵及第二水泵形成清洗水循环，对原料进行清洗，在清洗结束后，关闭出水管上的阀门，打开进风管上的阀门，通过风机向移动罩内部鼓入热风，对原料进行干燥处理，在清洗干燥完成后，收回电动伸缩杆移动移动罩至卸料工位即可。

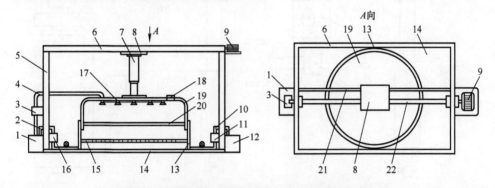

图 8-27　玫瑰精油制取用清洗烘干装置结构示意图

1—水箱　2—出水管　3—第一水泵　4—进水管　5—立柱　6—顶梁　7—电动伸缩杆　8—滑座
9—电动机　10—进风管　11—风机　12—电热风箱　13—承接座　14—基座　15—承接板
16—第二水泵　17—清洗喷头　18—进料口　19—移动罩　20—底板　21—滑杆　22—无牙螺杆

8.5.15　喷涂装置的行走装置

　　图 8-28 所示为喷涂装置的行走装置结构示意图（专利号：201721823435.1），包括第一固定支架、第二固定支架、无牙螺杆、无牙螺母、第一连接杆、转动底盘、第二连接杆、第二电动机和夹紧机构。第一固定支架与第二固定支架形状大小相同对称布置，它们均由电动伸缩柱、支腿和固定杆组成，且支腿下方焊接有行走轮。无牙螺杆穿过无牙螺母安装在两组固定杆之间，一端与第一电动机连接。无牙螺母的底端与第一空芯连接杆连接，内置第三电动机，第三电动机轴与转动底盘连接，第二连接杆一侧固定安装有第二电动机并与夹紧机构连接。夹紧机构的 U 形夹紧板内部连接海绵板，两侧面有调节螺栓和橡胶板。

工作过程：该喷涂装置的行走装置在使用过程中，将用于喷涂的喷枪夹设在夹紧机构内，通过调节螺栓将喷枪固定，通过行走轮将装置移动到喷涂器件的上端或一侧，通过电动伸缩柱的伸缩，调节喷枪的高度，同时打开第一电动机通过无牙螺母在无牙螺杆上移动，将喷枪移动到喷涂器件的具体喷涂位置，同时为保证对喷涂器件无死角的喷涂，可以在喷涂过程中打开第二电动机使夹紧机构带动喷枪在竖直方向360°转动，同时打开第三电动机，使转动底盘开始转动带动夹紧机构连接的第二连接杆的水平转动，从而调节喷枪在水平方向360°转动，使喷涂全面彻底。

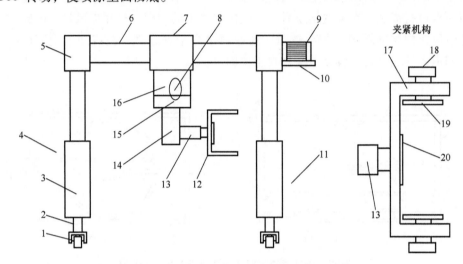

图 8-28 喷涂装置的行走装置结构示意图

1—行走轮 2—支腿 3—电动伸缩柱 4—第一固定支架 5—固定杆 6—无牙螺杆
7—无牙螺母 8—第三电动机 9—第一电动机 10—电动机固定板 11—第二固定支架
12—夹紧机构 13—第二电动机 14—第二连接杆 15—转动底盘 16—第一连接杆
17—夹紧板 18—调节螺栓 19—橡胶板 20—海绵板

8.5.16 汽车零件切割装置

图 8-29 所示为汽车零件切割装置结构示意图（专利号：201710587148.3），主要由废料储存柜、第一电动机、第二电动机、第一无牙螺杆、红外测距仪、夹持装置、电动伸缩杆、第一无牙螺母、切割轮、切割轮电动机、第二无牙螺母等组成。第一无牙螺杆上套有第一无牙螺母，一端固定于切割装置本体内侧左边，而另一端固定于切割装置本体内侧右边，其轴端与第一电动机相连；第一无牙螺母与电动伸缩杆底端固定连接，另一端与夹持零件的夹持装置螺纹连接，在切割装置本体的与夹持零件正对面安装有红外测距仪；第二无牙螺杆上

套有无牙螺母，第二无牙螺杆一端固定在切割装置本体内表面支座上，另一端固定于切割装置本体侧壁，轴端与第二电动机相连，无牙螺母上安装有切割轮电动机和切割轮；底部设置有废料储存柜。

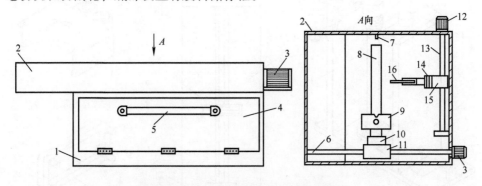

图 8-29　汽车零件切割装置结构示意图

1—废料储存柜　2—切割装置本体　3—第一电动机　4—柜门　5—把手　6—第一无牙螺杆
7—红外测距仪　8—夹持零件　9—夹持装置　10—电动伸缩杆　11—第一无牙螺母
12—第二电动机　13—第二无牙螺杆　14—切割轮电动机　15—第二无牙螺母　16—切割轮

该汽车零件切割装置工作原理：将夹持零件放入夹持装置并夹紧后，由第一无牙螺母输送至切割轮处，输送过程中通过红外测距仪确定夹持零件规格，之后通过调节电动伸缩杆与第二无牙螺母的位置来最终确定切割位置，再由切割轮电动机驱动切割轮对夹持零件进行切割，切割产生的废料落入废料储存柜内，切割所得符合标准零件由第一无牙螺母输送至起始位置，打开夹持装置即可卸下零件。

8.5.17　电池石墨电极棒加工的立式磨料装置

图 8-30 所示为电池石墨电极棒加工的立式磨料装置结构示意图（专利号：201820676576.3）。在底板上面设置有滑动板与固定板；滑动板底端焊接有滑动座，电动伸缩杆的另一端固定在底板与滑动板相连；在固定板面对滑动板的侧面上端固定焊接有升降滑轨，并安装有升降座，其上固定焊接有连接板，旋转电动机机轴穿过固定盘与第二固定墩连接；第二固定墩正下方通过轴承转动安装有用于夹持电极棒的第一固定墩，滑动板侧面上安装有打磨机构，打磨带利用第一转轴、第二转轴、第三转轴、第四转轴安装于外壳内腔，打磨机构无牙螺杆穿过打磨机构上的无牙螺母上部固定在顶板上并与往复电动机相连，下端固定在滑动板下部。而滑杆支撑与无牙螺杆平行安装。

该装置的工作原理：通过升降电动机带动螺纹杆转动，进而使得升降座在升降滑轨上移动，调节第一固定墩和第二固定墩上下间距，适用不同尺寸的电

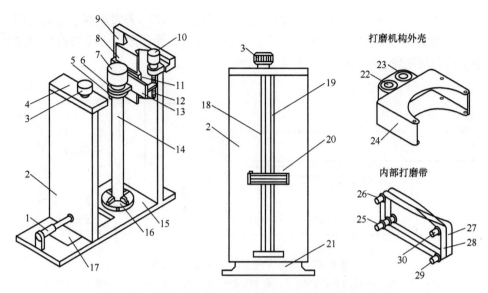

图 8-30 电池石墨电极棒加工的立式磨料装置结构示意图

1—电动伸缩杆 2—滑动板 3—往复电动机 4—顶板 5—第二固定墩 6—固定盘
7—旋转电动机 8—升降滑轨 9—固定板 10—升降电动机 11—升降座 12—螺纹杆
13—连接板 14—电极棒 15—底板 16—第一固定墩 17—滑槽 18—无牙螺杆 19—滑杆
20—打磨机构 21—滑动座 22—无牙螺母 23—滑套 24—外壳 25—第一转轴 26—第二转轴
27—第一打磨带 28—第二打磨带 29—第三转轴 30—第四转轴

极棒，利用第一固定墩和第二固定墩将电极棒固定住后，启动旋转电动机，带动电极棒转动，随后电动伸缩杆将滑动板推向电极棒，使得打磨机构上的第一打磨带和第二打磨带与电极棒的圆柱表面接触，同时通过往复电动机的正反转带动无牙螺杆转动，通过无牙螺母实现打磨机构的上下往复运动，对电极棒进行打磨作业。

8.5.18 汽车监测站的尾气收集处理装置

图 8-31 所示为汽车监测站的尾气收集处理装置结构示意图（专利号：201920114126.X），主要由外壳、排风扇、过滤板和吸附板、伺服电动机、无牙螺杆、无牙螺母、滑套和滑杆等零部件组成。外壳左右两端设置有进气口和排风口，排风口安装有排风扇和防护网板，网内依次设置吸附板和过滤板，分别安装在外壳的上下两组固定槽内；外壳进气口设置有网罩；放置盒设置在外壳内底部，且前后右三边分别被外壳的内壁及过滤板约束；无牙螺杆穿过无牙螺母一端固定在外壳上部，与伺服电动机机轴连接，下部利用固定板固定在放置盒上方，与无牙螺杆平行设置有滑杆；外壳内前侧壁左半区域上设置有滑槽，

便于滑块上下滑动，并带动有刷毛的刷板进行上下移动。使刷板上的刷毛对过滤板进行清洁；更换配件时打开挡门，可更换过滤板和吸附板。

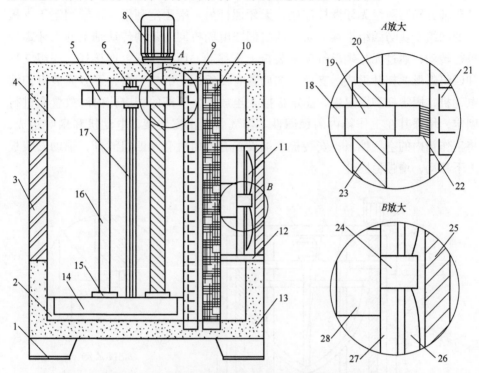

图 8-31　汽车监测站的尾气收集处理装置结构示意图

1—缓冲垫　2—放置盒　3—网罩　4—挡门　5—滑套　6—滑块　7—驱动件　8—伺服电动机
9—上固定槽　10—吸附板　11—排风扇　12—安装框　13—外壳　14—放置槽　15—固定板
16—滑杆　17—滑槽　18—刷板　19—无牙螺母　20—转动轴　21—过滤板　22—刷毛
23—无牙螺杆　24—传动轴　25—防护网板　26—扇叶　27—安装架　28—电动机

工作原理：使用时只需将本装置安装在指定区域，之后控制电动机带动传动轴上的扇叶进行转动，将汽车监测站处的汽车尾气从进气口抽入外壳内部，并通过过滤板对尾气中的烟尘进行过滤，过滤后再通过吸附板对过滤后气体中的有害物质进行吸附，最后通过输出口将处理后的气体排出即可；同时在工作过程中，可通过控制伺服电动机带动转动轴上的无牙螺杆进行转动，从而带动无牙螺母上的刷板进行上下移动，利用刷毛对过滤板进行清洁，清洁下来的杂质进入放置盒，以便后续进行清洁。

8.5.19　注塑机颗粒料搅拌机

图 8-32 所示为注塑机颗粒料搅拌机结构示意图（专利号：201822140864.X），主要由工作箱、安装板、搅拌器、进料斗、伺服电动机、

无牙螺杆、无牙螺母、伸缩电动机等主要零部件组成。调节件包括两组伺服电动机、两组无牙螺杆和两组无牙螺母，伺服电动机分别安装在工作箱顶端左右，其机轴分别与两组无牙螺杆连接，无牙螺杆另一端固定利用连接轴固定于支板上的四组支块与四组半圆滑块。两组伺服电动机同时带动传动轴上的无牙螺杆进行转动，通过无牙螺母带动安装板上下移动，而搅拌器由连接杆、四组支杆和四组弧形搅拌叶组成。支板下端放置有四组滚轮的放置盒，下方安装有伸缩电动机、固定杆和固定板，固定板插入至放置盒下部的相应孔内对放置盒进行固定，增强其在工作箱内的稳固性。排气装置由安装架、电动机和扇叶组成，将工作箱内的空气抽出；安装板顶端设置有四组滑套和四组滑杆，辅助安装板上下移动，增强稳固性。

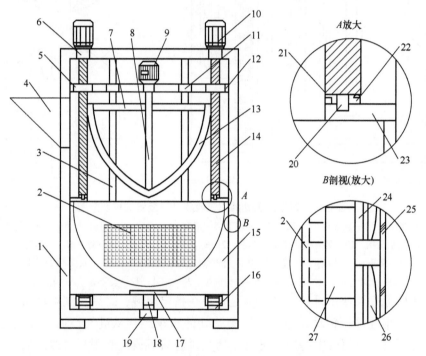

图 8-32 注塑机颗粒料搅拌机结构示意图

1—工作箱 2—过滤板 3—滑杆 4—进料斗 5—无牙螺母 6—调节件 7—支杆 8—连接杆
9—搅拌器 10—伺服电动机 11—滑套 12—安装板 13—弧形搅拌叶 14—无牙螺杆
15—放置盒 16—滚轮 17—固定板 18—固定杆 19—伸缩电动机 20—连接轴
21—半圆滑块 22—支块 23—支板 24—安装架 25—防护网罩 26—扇叶 27—电动机

工作原理：使用时先将注塑颗粒料通过进料斗输入至工作箱内，待放置盒快盛满时停止输入，之后控制搅拌器带动搅拌轴上的搅拌棒进行转动，同时控制两组伺服电动机带动传动轴上的无牙螺杆进行转动，从而带动无牙螺母上的安装板进行上下移动，使搅拌棒对位于放置盒内的注塑颗粒料进行翻动搅拌，搅拌完成后打开箱门，然后控制伸缩电动机带动驱动杆向下移动，直至使固定板离开放置盒的底部，然后将盛装有注塑颗粒料的放置盒从工作箱内取出即可。同时在上述过程中，电动机带动扇叶转动，从而将放置盒连同工作箱内的空气抽出，并通过过滤板进行过滤，将搅拌过程中注塑颗粒料产生的异味排出室外，保障工作人员的健康。

8.5.20　刀调仪摄像装置 Y 向自动调节机构

图 8-33 所示为刀调仪摄像装置 Y 向自动调节机构结构示意图（专利号：201210461036），由第一内斜轮微调机构、摄像头、被测刀具、投影装置、光杠、摄像头支架、投影装置支架、底座、第二内斜轮微调机构组成。第一内斜轮微调机构和第二内斜轮微调机构均设置在底座内，光杠分别与第一内斜轮微调机构和第二内斜轮微调机构转动连接，第一内斜轮微调机构和第二内斜轮微调机构的移动方向相反，摄像头支架固定在第一内斜轮微调机构的上部，摄像头固定在摄像头支架的上部，投影装置支架固定在第二内斜轮微调机构的上部，投影装置固定在投影装置支架的上部，摄像头和投影装置相对应。当光杠转动时第一内斜轮微调机构和第二内斜轮微调机构反向移动。

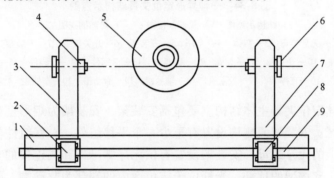

图 8-33　刀调仪摄像装置 Y 向自动调节机构结构示意图

1—底座　2—第一内斜轮微调机构　3—摄像头支架　4—摄像头　5—被测刀具
6—投影装置　7—投影装置支架　8—第二内斜轮微调机构　9—光杠

8.5.21　一种异形定位夹具

图 8-34 所示为一种异形定位夹具结构示意图（专利号：202222216665.9），应用于对瓶体的外形规格尺寸或外观瑕疵进行扫描检测，通常将瓶体立放或横放于测量仪的扫描区域内，测量仪的扫描端位于瓶体的上方处，对瓶体进行扫描检测。当瓶体横放于测量仪上时，瓶体易发生滚动，需通过夹具夹持瓶体的

瓶身处来达到固定的目的。

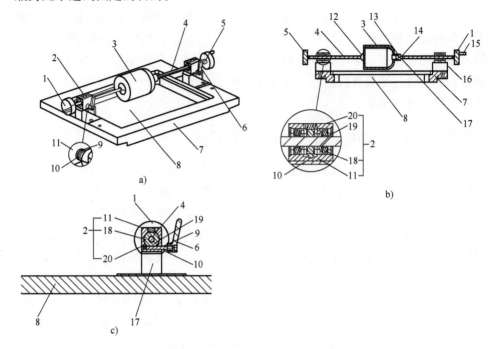

图 8-34　一种异形定位夹具结构示意图

a）结构示意图　b）局部剖视图一　c）局部剖视图二

1—手转盘　2—无牙螺母　3—瓶体　4—光杆　5—安装管　6—开关扳手　7—安装架　8—定位区
9—弹性件　10—开关轴　11—外壳　12—吸盘件　13—活塞件　14—安装件　15—驱动把
16—支撑架　17—安装孔　18—轴承组　19—活动槽　20—楔块组

异形瓶体定位夹具主体结构主要包括安装架，安装架为矩形框架，安装架设置有定位区；安装架两侧均设置有至少一个平移组件，平移组件包括光杆和套设于光杆上的无牙螺母；安装架设置有供无牙螺母拆卸式连接的支撑架，无牙螺母设置于支撑架的顶部。光杆位于定位区内的端部为驱动端，两个驱动端相对设置并沿同一直线方向移动，两个驱动端分别设置有吸盘件和活塞件，吸盘件与瓶体的瓶底相抵紧，活塞件与瓶体的瓶口处相抵紧。

该夹具夹持带有异形瓶身的瓶体时，通过将瓶体横放在定位区内，瓶体的瓶口与活塞件对应，瓶体的瓶底与吸盘件对应，抓握驱动把来旋转手转盘，带动光杆旋转，用以驱动平移组件，平移组件通过光杆和无牙螺母的摩擦传动，使得旋转的光杆沿直线方向朝定位区一侧靠近或远离，吸盘件向瓶底靠近并抵紧，使得其中一个光杆的驱动端和瓶底连接，活塞插入瓶口内，使得另一个光杆的驱动端与瓶口连接，完成对瓶体的夹持固定，支撑架的设置使得平移组件高于安装架，确保瓶体夹持后始终位于安装架的上方处。工作人员操作该夹具时，通过对瓶体的瓶底和瓶口处进行夹持，对异形瓶身的适用性较好，且瓶体夹持后，还可分别旋转两个光杆，用以调整瓶体在定位区内的位置，光杆和无牙螺母的摩擦传动，可避免回程间隙，位移精度较高，确保瓶体精准定位于正确位置。

8.5.22　加样枪分针传动机构

图 8-35 所示为加样枪分针传动机构结构示意图（专利号：2018 21078548.8），包括分针板，分针板的一面固设 4 道直线导轨，每个直线导轨滑动配合两个滑块，相间一道直线导轨的两个滑块固接一个加样枪提针单元架，共计 4 个提针单元架；在分针板的另一面设置与直线导轨运动方向一致的无牙导杆，无牙导杆通过步进电动机带动正转或反转，在分针板上开设与无牙导杆轴向一致的长圆孔；无牙导杆具有 4 个无牙螺母，每个无牙螺母的内侧固设一个连接杆，每个连接杆穿过长圆孔后固定连接一个加样枪提针单元架。

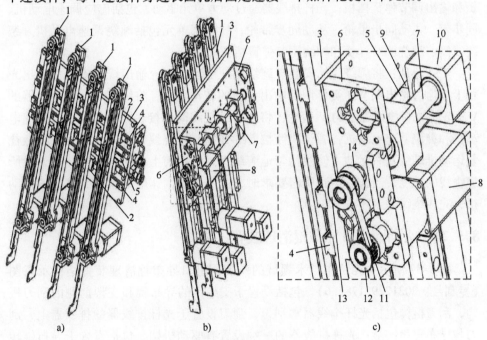

a)　　　　　　　　b)　　　　　　　　c)

图 8-35　加样枪分针传动机构结构示意图

a）正面结构　b）反面结构　c）局部放大结构

1—加样枪提针单元架　2—滑块　3—分针板　4—直线导轨　5—长圆孔　6—立板　7—无牙导杆
8—步进电动机　9—连接杆　10—无牙螺母　11—同步带　12—同步带轮　13—同步带轮　14—轴承

分针板另一面的两端分别固设立板，无牙导杆通过轴承固定在立板上，无牙导杆的一端穿过立板后固设一同步带轮，与同步带轮同一侧的立板的内侧固设步进电动机，步进电动机的电动机机轴穿过该侧的立板后固设一同步带轮，两个同步带轮上绕设同步带。

步进电动机工作时，通过同步带传动驱动无牙导杆转动，使无牙螺母按既定要求移动，进而带动与之固定连接的连接杆和滑块在直线导轨上移动，从而使与滑块固定连接的加样枪提针单元架移动，实现加样枪分针。为了保证分针间距，第一至第四加样枪提针单元架对应的无牙螺母螺距比分别为 $0:1:2:3:4:5:6:7$。

8.5.23　半自动简易绕线机

图 8-36 所示为半自动简易绕线机结构示意图（专利号：202222273549.0），包括底板、四个底脚、线输出单元、计米器、光杆排线器和线缠绕单元组成，其中：线输出单元包括支架、输出光轴、输出线筒、推力球轴承、输出调节弹簧和输出调节弹簧挡板；光杆排线器通过动力单元驱动，包括感应调速电动机、同步带、主动同步带轮、从动同步带轮；线缠绕单元包括缠绕调速电动机、缠绕线筒、缠绕调节弹簧和缠绕调节弹簧挡板。

工作原理：将缠绕线筒安装于缠绕调速电动机上，输出线筒安装于输出光轴上，通过输出调节弹簧可调节输出线筒的转动阻力，将线拉出，经计米器的 V 型轮、光杆排线器上的 V 型轮，将线与缠绕线筒连接。同时启动感应调速电动机和缠绕调速电动机，缠绕线筒拉着线开始旋转绕线，同时光杆排线器做往复运动推动线左右运动，使线均匀地缠绕在缠绕线筒上，同时计米器在计量所缠绕线的长度，当长度达到所需要求时，关闭感应调速电动机和缠绕调速电动机，完成绕线。

8.5.24　八圆网进口导布辊清理装置

图 8-37 所示为无纺布技术领域的八圆网进口导布辊清理装置结构示意图（专利号：202122921781.6），包括设置于支架上的导布辊和支架前侧的刮刀机构，刮刀机构包括光杆排线器和刮刀，刮刀设置于光杆排线器的排线器上，刮刀与导布辊相接触；光杆排线器的一端设置有驱动机构，包括设置于导布辊转轴一端的第一链轮和设置于光杆排线器光杆相对应一端的第二链轮，两链轮通过链条传动连接；通过布和导布辊之间的摩擦带动导布辊转动，再通过链条传动连接带动光杆排线器的光杆转动，使排线器和刮刀在光杆上做左右往复运动，达到清理八圆网入口导布辊上粘连的胶块及棉絮。

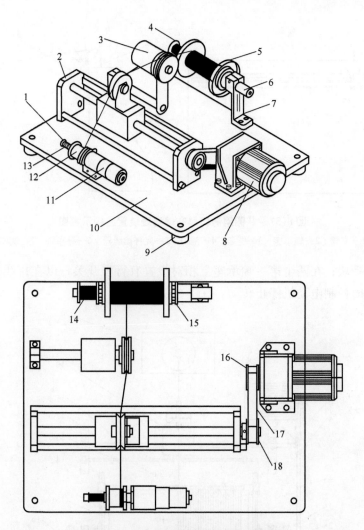

图 8-36　半自动简易绕线机结构示意图

1—缠绕调节弹簧挡板　2—光杆排线器　3—计米器　4—输出调节弹簧挡板　5—输出线筒　6—输出光轴
7—支架　8—感应调速电动机　9—底脚　10—底板　11—缠绕调速电动机　12—缠绕线筒　13—缠绕调节
弹簧　14—输出调节弹簧　15—推力球轴承　16—主动同步带轮　17—同步带　18—从动同步带轮

8.5.25　裙带菜苗帘自动缠帘机

图 8-38 所示为裙带菜苗帘自动缠帘机结构示意图（专利号：202011206844.3），由行星轮减速电动机通过带传动（传动带、第一被动轮）驱动第一传动轴使排线器移动；再由同步带传动（同步轮、同步带、第二被动轮）驱动第二传动轴，使苗帘架固定组件、苗帘架和转轴（工作时是整体）转动；排线器上方有苗绳放线装置，下方设有固定轴，其上位于排线器两侧各有

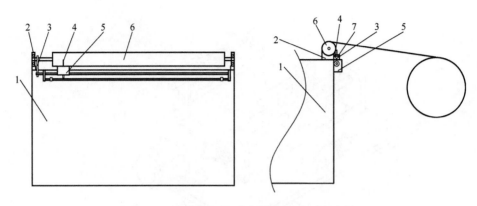

图 8-37　八圆网进口导布辊清理装置结构示意图

1—支架　2—轴承座　3—链条　4—刮刀　5—光杆排线器　6—导布辊　7—底座

一个换向挡块；在两个第一轴承座上相对设置有行程开关，以在排线器到达换向挡块处时控制电动机停止转动。

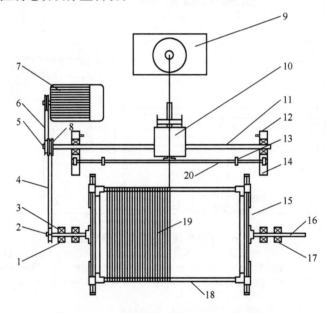

图 8-38　裙带菜苗帘自动缠帘机结构示意图

1—第二轴承座　2—第二被动轮　3—第二传动轴　4—同步带　5—第一被动轮　6—传动带
7—行星轮减速电动机　8—同步轮　9—苗绳放线装置　10—排线器　11—第一传动轴
12—行程开关　13—换向挡块　14—第一轴承座　15—苗帘架固定组件　16—转轴
17—第三轴承座　18—苗帘架　19—苗绳　20—固定轴

工作时，将塔形缠绕苗绳置于固定架内，通过可调整苗绳松紧的苗绳放线装置并穿过排线器；人工将苗帘架置于苗帘架固定组件之间使之固定；将苗绳的线头手动绑定在左边第一线槽内。启动电动机，通过第一传动轴驱使排线器从左向右做直线运动，第二传动轴带动苗帘架转动，控制排线器移动及苗帘架转动的速度，使苗绳正好缠绕在苗帘架的线槽内。当缠完一个苗帘架之后，排线器位于右边的换向挡块处，此时行程开关亦发出控制信号使电动机停止运转，把苗绳剪断并手动绑定在苗帘架上，把苗帘从苗帘架固定组件上取下来；再装入并固定下一个苗帘架，将苗绳的线头手动绑定在右边第一线槽内，启动电动机，排线器将从右向左做直线运动，其他与上一个相同。

8.5.26　铸轧机火焰喷涂装置

图 8-39 所示为一种铝加工铸轧机成套设备中使用的铸轧机火焰喷涂装置结构示意图（专利号：201220434901.8），包括左右两侧的机架和设置在两个机架之间的光杆；机架的一侧设置驱动光杆做旋转运动的电动机，电动机通过联轴器连接在光杆的端部；光杆上设置沿光杆往复运动的光杆排线器，光杆排线器通过设置的换位挡块实现换位，换位挡块设置在位于两个机架之间的连杆上；光杆排线器上设置与乙炔燃烧器连接的火焰喷管；乙炔燃烧器中乙炔不完全燃烧产生的炭黑通过火焰喷管的喷涂附着在铸轧机轧辊表面，润滑轧辊，提高带材表面质量。

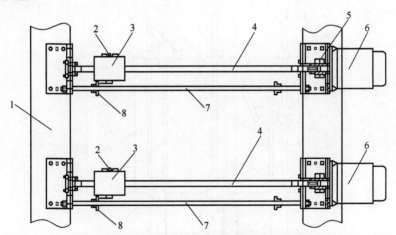

图 8-39　铸轧机火焰喷涂装置结构示意图

1—机架　2—火焰喷管　3—光杆排线器　4—光杆　5—联轴器　6—电动机　7—连杆　8—换位挡块

8.5.27　纳米涂层螺杆的环保真空喷涂室

图 8-40 所示为纳米涂层螺杆的环保真空喷涂室结构示意图（专利号：201420338676.7），包括缸体，缸体上设置用于安装工件的手孔、观察窗、进气

孔、照明灯孔、抽气孔；缸体内的喷枪用于安装待喷涂螺杆的工件装夹装置；缸体底部设有带动喷枪上下运动的往复运动机构，喷枪设于往复运动机构上。

工件装夹装置位于缸体底部靠近手孔的位置，其底部外侧设置转动电动机，驱动工件装夹装置转动，从而带动工件转动，实现螺杆的圆周喷涂；工件装夹装置上端设置有安装孔，可将待喷涂螺杆竖向放置于安装孔内。

往复运动机构包括驱动电动机、联轴器、动密封法兰、往复机架、光杆排线器、喷枪架，光杆排线器位于往复支架上，喷枪架位于光杆排线器上，用于承载喷枪，从而实现喷枪和光杆排线器的上下运动而往复喷涂；往复支架包括固定连接于缸体底部的底盘，底盘上设置有与联轴器相连接并固定有光杆排线器的转动主轴、贯穿光杆排线器的导杆，导杆上设有可调的上定位块和下定位块，用于对光杆排线器的上下运动进行限位；往复运动机构为三个，以工件装夹装置为中心均匀分布于缸体内部。

喷枪的喷嘴方向可调，从而适用于喷涂带有不同螺纹的螺杆；喷枪的喷嘴方向分别为：向下倾斜、向上倾斜、水平，从而实现对螺杆进行多方向的喷涂作业，涂层均匀，无死角，保障喷涂效果，提高喷涂效率。

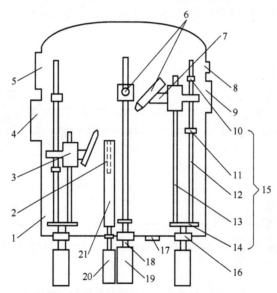

图 8-40　纳米涂层螺杆的环保真空喷涂室结构示意图

1—缸体　2—安装孔　3—光杆排线器　4—手孔　5—观察窗　6—喷枪　7—喷枪架
8—进气孔　9—照明灯孔　10—上定位块　11—下定位块　12—导杆　13—转动主轴
14—底盘　15—往复支架　16—动密封法兰　17—抽气孔　18—联轴器
19—驱动电动机　20—转动电动机　21—工件装夹装置

8.5.28 键合线复绕机

图 8-41 所示为键合线复绕机结构示意图（专利号：201721036 150.3），包括光杆排线器总成、复绕机轴总成和电气控制装置，光杆排线器总成包括连接在第一电动机输出轴上的光杆、光杆排线器组件和设置在光杆排线器上的排线导轮；复绕机轴总成包括连接在第二电动机输出轴上的复绕机轴、设置在复绕机轴上的顶锥和轴帽，第二电动机固定在拖台上，拖台连接在左右滑动伺服电动机上，拖台上设置有张力测量仪，拖台滑动设置在滑轨上；电气控制装置与第一电动机、第二电动机、左右滑动伺服电动机连接，电气控制装置上设置有控制电动机运行的启动按钮、停止按钮、电源指示灯、第一电动机频率控制器、第二电动机频率控制器、伺服电动机频率控制器。此外，光杆的两侧均设置有固定架，光杆通过轴承转动安装在固定架上。

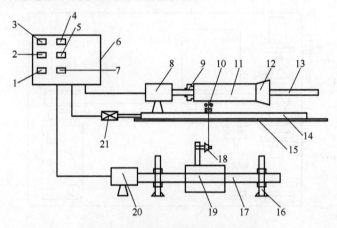

图 8-41　键合线复绕机结构示意图

1—电源指示灯　2—停止按钮　3—启动按钮　4—第一电动机频率控制器　5—第二电动机频率控制器
6—电气控制装置　7—伺服电动机频率控制器　8—第二电动机　9—顶锥　10—张力测量仪
11—卷线盘　12—轴帽　13—复绕机轴　14—拖台　15—滑轨　16—固定架　17—光杆
18—排线导轮　19—光杆排线器　20—第一电动机　21—左右滑动伺服电动机

工作过程：首先将复绕机轴上套一个卷线盘，用轴帽锁紧，将键合线通过光轴排线器上的排线导轮引入到卷线盘上，按下启动按钮，然后，根据情况调整第一电动机、第二电动机的绕线速度，通过张力测量仪测量键合线上张力的大小，通过左右滑动伺服电动机带动拖台的左右移动和光轴排线器来控制卷线盘上的绕线线距，完成绕线后，按下停止按钮，换一个新的卷线盘，重复上述步骤。

8.5.29　新型数控扁丝机

图 8-42 所示为新型数控扁丝机结构示意图（专利号：201320168985.X），机架上设有扁丝成型组件、光杆排线器、牵引轴及控制箱，扁丝成型组件由机架上的电动机驱动，扁丝成型组件与牵引轴之间、牵引轴与光杆排线器之间均通过皮带传动；牵引轴一端设有与其周向固定、轴向可滑动的压盘，该压盘圆心处设有用于放置扁丝盘的承托轴，另一压盘通过固定座固定于机架上，牵引轴采用中空结构井内设芯轴，芯轴一端与承托轴连接，另一端通过一个卸荷轴承与气缸连接；安装扁丝盘时，将扁丝盘放置于两压盘之间，启动气缸，使其活塞杆推动承托轴穿入扁丝盘内，并驱动压盘将其夹紧，由此来完成扁丝盘的半自动装卸。

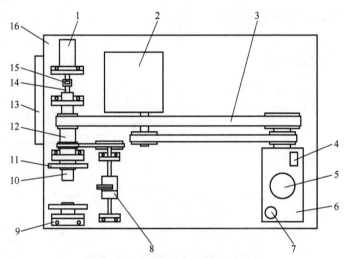

图 8-42　新型数控扁丝机结构示意图

1—气缸　2—电动机　3—皮带　4—压力传感器　5—调节装置　6—扁丝成型组件
7—报警器　8—光杆排线器　9—固定座　10—承托轴　11—压盘　12—牵引轴
13—控制箱　14—芯轴　15—卸荷轴承　16—机架

扁丝成型组件包括上辊和下辊以及调节两者间距的调节装置，上辊或下辊上设有压力传感器，压力传感器与报警器及控制箱连接。当发生断线、乱线时报警器可发出警报，同时控制箱迫使机器停机。

8.5.30　滴灌管合卷装置

图 8-43 所示为滴灌管合卷装置结构示意图（专利号：201510161425.5），由合卷部分和放卷部分组成。合卷部分包括合卷架、调速电动机、调速控制器、

减速箱、光杆排线器、排线杆、合卷主轴、合卷大挡板、合卷小挡盘、合卷锁紧套。放卷部分包括放卷架、放卷主轴、放卷大挡板、放卷小挡盘、放卷锁紧套和阻尼调节装置。

合卷架上设计有调速电动机、调速控制器、减速箱、光杆排线器、合卷主轴。调速电动机、调速控制器、减速箱、光杆排线器均通过螺栓固定在合卷架上，合卷主轴通过安装有合卷轴承的合卷轴承座固定在合卷架上，调速电动机、减速箱、合卷主轴、光杆排线器上安装有链轮，通过链条相互连接；合卷主轴从后往前依次安装有主轴链轮、合卷轴承、合卷大挡板、纸盘固定卡盘、合卷小挡盘、挡盘安装座、合卷锁紧套，前端为螺纹结构；排线杆通过排线杆支架安装在光杆排线器上。

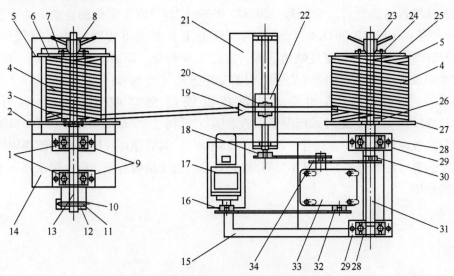

图 8-43　滴灌管合卷装置结构示意图

1—放卷轴承　2—放卷大挡板　3—放卷固定卡盘　4—滴灌管　5—包装纸盘　6—放卷小挡盘
7—挡盘固定座　8—放卷锁紧套　9—放卷轴承座　10—阻尼调节螺栓　11—阻尼皮带　12—阻尼皮带轮
13—放卷主轴　14—放卷架　15—合卷架　16—调速链轮　17—调速电动机　18—排线链轮　19—排线杆
20—排线杆支架　21—调速控制器　22—光杆排线器　23—合卷锁紧套　24—挡盘安装座　25—合卷小挡盘
26—纸盘固定卡盘　27—合卷大挡板　28—合卷轴承　29—合卷轴承座　30—主轴链轮　31—合卷主轴
32—减速箱输入链轮　33—减速箱　34—双排输出链轮

放卷主轴通过安装有放卷轴承的放卷轴承座固定在放卷架上，放卷主轴从后往前依次安装有阻尼皮带轮、放卷轴承、放卷大挡板、放卷固定卡盘、放卷小挡盘、挡盘固定座、放卷锁紧套，前端为螺纹结构；阻尼调节装置由阻尼皮带轮、阻尼皮带、阻尼调节螺栓组成。

使用前，摘下合卷锁紧套和放卷锁紧套，取下各自的小挡盘，先将未满卷

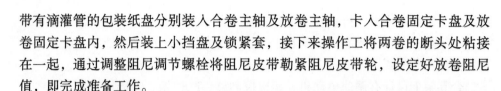

带有滴灌管的包装纸盘分别装入合卷主轴及放卷主轴，卡入合卷固定卡盘及放卷固定卡盘内，然后装上小挡盘及锁紧套，接下来操作工将两卷的断头处粘接在一起，通过调整阻尼调节螺栓将阻尼皮带勒紧阻尼皮带轮，设定好放卷阻尼值，即完成准备工作。

使用时，调整调速电动机控制器，控制调速电动机旋转，通过链条带动减速箱工作，减速箱的输出轴安装有双排输出链轮，分别带动主轴链轮和排线链轮转动，从而带动合卷主轴上的包装纸盘旋转，进而拽动放卷盘内的纸盘旋转，排线链轮带动光杆排线器往复运动，排线杆即可在包装纸盘内往复排线，通过提高调速电动机的转速，可以满足快速合卷的要求。

定型产品应用非常广泛，俗称为无牙螺杆（螺母）的应用，如葡萄园种植用固体肥料筛选装置（专利号：201822 067968.2），汽车零件的自动清洗装置（专利号：201721253621.6），立式闪测仪的上光源上下传动机构（专利号：202221889291.0），精密显微光学传动装置（专利号：202023074189.9），高精度变距设备，其变距方法及变距机构的变距方法（专利号：202110912837.3）；俗称为光杆排线器的应用，如高温线缆烧结收线机（专利号：202221568296.3），地埋式滴灌管回收装置（专利号：202020500919.8），口罩机伺服收废料机构（专利号：202123035570.9），具有循环吹风机构的镀锡铜线烘干装置（专利号：202021387298.3），等等。由于篇幅有限，以上仅仅列举了一些示例。

参 考 文 献

[1] 多布罗沃尔斯基，等. 机械零件：中册 [M]. 大连工学院机械零件及原理教研室，译. 北京：人民教育出版社，1962.

[2] 阮忠唐. 机械无级变速器 [M]. 北京：机械工业出版社，1983：248 –254.

[3] 姜松，陈琦莹，王婧，等. 交错轴摩擦轮传动机理及应用 [J]. 中国食品学报，2020，20（6）：65 –72.

[4] 姜松，陈琦莹，冯侃，等. 交错轴摩擦轮传动原理及其在移动小车运动分析中的应用 [J]. 农业机械学报，2020，51（4）：394 –402.

[5] 机械设计手册编委会. 机械设计手册单行本：弹簧摩擦轮及螺旋传动轴 [M]. 北京：机械工业出版社，2007.

[6] 戴一帆，李圣怡，罗兵，等. 扭轮摩擦驱动系统研究 [J]. 国防科技大学学报，1999，21（2）：85 –88.

[7] 钱晋武，章亚男，孙麟治，等. 螺旋轮驱动的细小管内移动机器人研究 [J]. 光学精密工程，1999，7（4）：54 –58.

[8] 杨晶. 钢丝轧扁机收线机的设计 [J]. 冶金设备. 1996（3）：53 –55.

[9] 易飚. 旋转光轴直线驱动装置的设计和应用 [J]. 机械设计与制造，2008（9）：94 –95.

[10] 陈粤. 斜轮—光轴摩擦传动的设计 [J]. 机械设计，1994（6）：22 –24.

[11] 郑耀阳. 光轴滚动螺旋传动装置 [J]. 微细加工技术，1993（2）：47 –51.

[12] 袁传大，刘卫华. 光轴螺旋传动 [J]. 机械设计，1991（5）：37 –41.

[13] 许云祥. 钢管生产 [M]. 北京：冶金工业出版社，1993：40 –41.

[14] 魏振荪. 无心磨床工作法 [J]. 机械制造，1952（10）：21 –27.

[15] 现代机械传动手册编辑委员会. 现代机械传动手册 [M]. 北京：机械工业出版社，1995：980 –987.

[16] 周有强. 机械无级变速器 [M]. 北京：机械工业出版社，2001：46 –48.

[17] 于长辉，田静，穆学战，等. GHM2×6A 型棉线合股机的研制 [J]. 橡塑技术与装备，2003，29（03）：30 –34.

[18] 阮忠唐. 机械无级变速器设计与选用指南 [M]. 北京：化学工业出版社，1999：92 –94.

[19] 王树森. 滑动螺旋杆传动装置：日本机械行业新技术简介之一 [J]. 现代机械，1990（2）：6 –9.

[20] 成大先. 机械设计手册单行本：机械传动 [M]. 北京：化学工业出版社，2004：11 –50.

[21] 波略可夫，等. 机械零件：下册 [M]. 天津大学，等译. 北京：高等教育出版社，1955：592 –596.

[22] 李杞仪，赵韩. 机械原理［M］. 武汉：武汉工业大学出版社，2001：129－130.

[23] 金如崧. 无缝钢管百年史话［M］. 北京：冶金工业出版社，2008.

[24] JUDSON L W. Mechanical movement：US402674［P］. 1889－05－07.

[25] WEATHERS F W. Door opening mechanism：US2204638［P］. 1940－06－18.

[26] UHING J. Reibungsgetriebe zur umwandlung einer drehbewegung in eine vorschubbewegung：DE1057411［P］. 1954－07－02.

[27] UHING J. Reibungsgetriebe zur umwandlung einer drehbewegung in eine vorschubbewegung：DE1203079［P］. 1956－06－26.

[28] 钱安宇. 无心磨削［M］. 西宁：青海人民出版社，1982.

[29] 王庸禄. 光杠排线机构的原理及应用［J］. 金属制品，1986（3）：17－21.

[30] 李圣怡，戴一帆，王建敏，等. 精密和超精密机床设计理论与方法［M］. 长沙：国防科技大学出版社，2009：400.

[31] 竺良甫. 机械原理简明教材［M］. 昆明：云南人民出版社，1958：178－179.

[32] 鸣瀧良之助，等. 机械设计例题集［M］. 张玉忠，译. 北京：国防工业出版社，1988：273－274.

[33] 上海交通大学，清华大学，上海机械学院. 精密机械与仪器零件部件设计［M］. 上海：上海交通大学出版社，1989：16.

[34] 成大先. 机械设计手册：第3卷［M］. 4版. 北京：化学工业出版社，2002.

[35] 罗兵. 超精密扭轮摩擦传动技术［D］. 长沙：国防科学技术大学，1999.

[36] 李圣怡，黄长征，王贵林. 微位移机构研究［J］. 航空精密制造技术，2000，36（4）：5－9.

[37] 田军委，王建华，李平，等. 扭轮摩擦传动机构动力学分析［J］. 工程设计学报，2003，10（2）：93－97.

[38] 田军委，李平，王建华，等. 扭轮摩擦超精密传动机构设计［J］. 机械制造，2005，43（9）：38－41.

[39] IWASHINA S，HAYASHI I，IWATSUKI N，et al. Development of in－pipe operation micro robots［C］// Micro Machine and Human Science，Proceedings 5th International Symposium on，Oct. 2－4，1994，Nagoya，Japan. Nagoya：IEEE，1994：41－45.

[40] 南部 幸男. 卵の方向整列装置：日本，実開平7－21504［P］. 1995－04－18.

[41] 山下 剛. 卵の方向整列装置：日本，特開平11－147508［P］. 1999－06－02.

[42] 近藤 林. 鶏卵の方向を揃える装置：日本，特開平9－150938［P］. 1997－06－10.

[43] 姜松，姜奕奕，孙柯，等. 禽蛋大小头自动定向排列中轴向运动机理研究［J］. 农业机械学报，2013，44（10）：209－215.

[44] 陈惠波，陈德文. 无缝钢管斜轧原理及非代数曲面轧辊设计［M］. 西安：西安交通大学出版社，2011.

[45] 包喜荣，陈林. 轧钢工艺学［M］. 北京：冶金工业出版社，2013：219.

[46] 黄庆学，肖宏，孙斌煜. 轧钢机械设计［M］. 北京：冶金工业出版社，2007：384.

[47] 张彦华. 工程材料与成型技术 [M]. 北京：北京航空航天大学出版社, 2015：172 – 173.

[48] 王艳华. 机械工程基础 [M]. 北京：北京理工大学出版社, 2009：127.

[49] 陈毓龙. 金属工艺学：下册 [M]. 北京：人民教育出版社, 1981：130.

[50] 杨玉璧. 螺旋焊管机组输出辊道 [J]. 焊管, 1993, 16 (1)：30 – 36.

[51] 秦付军, 杨世雄. 光杆螺旋传动机构的导程精度测试和影响因素分析 [J]. 四川工业学院学报, 1996, 15 (2)：18 – 21.

[52] 张国雄. 三坐标测量机 [M]. 天津：天津大学出版社. 1999：64.

[53] 董晨松, 张国雄, 穆玉海. 移动桥式三坐标测量机 Z 轴运动的动态误差 [J]. 航空计测技术, 1998 (2)：3 – 5, 21.

[54] 王为农, 徐一华. 影像测量仪技术基础 [M]. 北京：中国商业出版社, 2010：18 – 21.

[55] MIZUMOTO H, NOMURA K, MATSUBARA T, et al. An ultraprecision positioning system using a twist – roller friction drive [J]. Journal of the American Society for Precision Engineering, 1993, 15 (3)：180 – 184.

[56] MIZUMOTO H, YABUYA M, SHIMIZU T, et al. An angstrom – positioning system using a twist – roller friction drive [J]. Journal of the American Society for Precision Engineering, 1995, 17 (1)：57 – 62.

[57] MIZUMOTO H, ARII S, YOSHIMOTO A, et al. A twist – roller friction drive for nanometer positioning – simplified design using ball bearings [J]. CIRP Annals, 1996, 45 (1)：501 – 504.

[58] HAYASHI I, IWATSUKI N, IIWASHINA S. The running characteristics of a screw – principle microrobot in a small bent pipe [C] // Micro Machine and Human Science, 1995 . MHS'95., Proceedings of the Sixth International Symposium on. IEEE, 1995：225 – 228.

[59] HAYASHI I, IWATSUKI N, MORIKAWA K, et al. An in – pipe operation microrobot based on the principle ofscrew – development of a prototype for running in long and bent pipes [C] //Micromechatronics and Human Science, 1997. Proceedings of the 1997 International Symposium on. IEEE, 1997.

[60] LI P, MA S, LI B, et al. Multifunctional Mobile Units with a Same Platform for In – Pipe Inspection Robots [C] // IEEE/RSJ International Conference on Intelligent Robots & Systems. IEEE, 2008.

[61] LI P, MA S, LI B, et al. Self – rescue mechanism for screw drive in – pipe robots [C] // IEEE/RSJ International Conference on Intelligent Robots & Systems. IEEE, 2010.

[62] KAKOGAWA A, NISHIMURA T, MA S. Development of a screw drive in – pipe robot for passing through bent and branch pipes [C] // International Symposium on Robotics. IEEE, 2014.

[63] 程良伦. 微管道机器人及其智能控制系统的研究 [D]. 长春：中国科学院长春光学精密机械研究所, 1999：8.

[64] 余德忠. 微细管道机器人工作原理分析及参数优化 [J]. 机床与液压, 2011, 39 (7): 77-78, 81.

[65] 王毅. 螺旋轮式驱动管道检测机器人控制系统研究与实现 [D]. 天津: 天津理工大学, 2016: 13-14.

[66] 杨伟. 主动螺旋驱动管道机器人的机构设计及管道通过性研究 [D]. 哈尔滨: 哈尔滨工业大学, 2018: 14-16.

[67] 任涛. 螺旋驱动管道机器人研究 [D]. 成都: 西南石油大学, 2017.

[68] 王玮, 沈惠平, 李航. 管外机器人研究现状及其最新进展 [J]. 矿山机械, 2010, 38 (12): 16-21.

[69] 沈惠平, 李航, 曲靖祎, 等. 一种螺旋型驱动管道行走机器人: 200910030752.1, [P]. 2009-09-16.

[70] 刘敏. 螺旋式管道机器人及其性能的研究 [D]. 西安: 西安理工大学, 2017: 13.

[71] 赵允岭, 马文锁. 一种无级变速螺旋驱动器的传动原理及其应用 [J]. 矿山机械, 2006 (10): 112-114.

[72] 孟宪源. 现代机构手册: 上册 [M]. 北京: 机械工业出版社, 1994: 747-748.

[73] 郭召. 大型精密重载摩擦轮传动设计 [J]. 金属加工: 冷加工, 2021 (10): 72-75.

[74] 罗生梅, 陈利. 焊接滚轮架上工件轴向窜动防窜机理研究 [J]. 机床与液压, 2007, 35 (8): 74-75, 78.

[75] 李学军, 袁英才. 筒体中心线的倾斜对回转窑轴向运动的影响 [J]. 湖南冶金, 2002 (2): 25-27.

[76] 郝百顺, 陈钰, 俞章法. 回转窑筒体轴向窜动的调控 [J]. 中国水泥, 2000 (6): 18-19.

[77] 王国民, 姚正秋, 马礼胜, 等. 大型天文望远镜高精度摩擦传动的研究 [J]. 光学 精密工程, 2004, 12 (6): 592-597.

[78] 马洛夫. 通用机床的机械化和自动化 [M]. 罗道生, 译. 上海: 上海科学技术出版社 1964: 365.

[79] 华中工学院机械制造教研室. 机床自动化与自动线 [M]. 北京: 机械工业出版社, 1981: 69.

[80] 吴天林, 段正澄. 机械加工系统自动化 [M]. 北京: 机械工业出版社, 1992: 141.

[81] 姜松, 王国江, 漆虹, 等. 禽蛋大小头自动定向排列系统设计 [J]. 农业机械学报, 2012, 43 (06): 113-117.

[82] 朱体操. 卵形体农产品大小头自动定向中轴向运动的仿真及应用研究 [D]. 镇江: 江苏大学, 2019: 80-81.

[83] 姜松, 蒋晓峰, 陈章耀, 等. 禽蛋在输送支撑辊上倾角影响因素的理论分析与试验验证 [J]. 农业工程学报, 2012, 28 (13): 244-250.

[84] 贾丹凤. 工作参数对卵形体农产品大小头自动定向运动影响的研究 [D]. 镇江: 江苏大学, 2017.

[85] 孙柯,姜松,朱红力,等. 卵形体质量和材质对大小头自动定向运动的影响 [J]. 食品
与机械, 2014 (3): 72 - 75.

[86] 姚俊. 禽蛋大小头自动定向中水平偏转角自适应规律研究 [D]. 镇江: 江苏大
学, 2015.

[87] 孙柯. 禽蛋大小头自动定向机理及应用研究 [D]. 镇江: 江苏大学, 2014.

[88] 王婧. 卵形体农产品大小头自动定向中水平偏转角自适应机理及应用 [D]. 镇江: 江
苏大学, 2018.

[89] 朱杰. 卵形体水果大小头自动定向运动规律的研究 [D]. 镇江: 江苏大学, 2016.

[90] 王国江. 禽蛋自动定向中轴向运动和翻转运动规律的研究及试验台的研制 [D]. 镇
江: 江苏大学, 2013.

[91] 漆虹. 禽蛋大小头自动定向排列研究与装置研制 [D]. 镇江: 江苏大学, 2011.

[92] JIANG S, SUN K, WAN G, et al. Study on the Mechanical Automatic Orientation Regula-
tions about the Axial and the Turnover Motions of Eggs [J]. Journal of Food Engineering,
2014 (133): 46 - 52.

[93] JIANG S, T ZHU JIA D, et al. Effect of Egg Freshness on Their Automatic Orientation [J].
Journal of The Science of Food and Agriculture, 2018, 98 (7): 2642 - 2650.

[94] 周美锋. 基于 Mecanum 轮的全方位移动机器人研究 [D]. 南京: 南京航空航天大
学, 2014.

[95] 王一治, 常德功. Mecanum 四轮全方位系统的运动性能分析及结构形式优选 [J]. 机
械工程学报, 2009, 45 (5): 307 - 310, 316.

[96] 张豫南, 房远, 杨怀彬, 等. 履带式全方位移动平台的运动学分析与仿真 [J]. 火力
与指挥控制, 2019, 44 (6): 132 - 136.

[97] 方玉发. 基于麦克纳姆轮的重载 AGV 关键技术研究与应用 [D]. 杭州: 浙江大
学, 2019.

[98] SALIH J E M, RIZON M, YAACOB S, et al. Designing omni - directional mobile robot with
Mecanum wheel [J]. American Journal of Applied Sciences, 2006, 3 (5): 1831 - 1835.

[99] 辛元敬. 精密光杆排线装置: 201220402101.8 [P]. 2013 - 04 - 24.

[100] 杨松树. 微型光杆排线器 (GPW15): 201030012503.3 [P]. 2011 - 11 - 23.

[101] 斯克莱特. 机械设计实用机构与装置图册 [M]. 邹平, 译. 北京: 机械工业出版社,
2015: 345 - 382.

[102] 契罗尼斯. 机构和机械控制装置 [M]. 郭景嘉, 李正非, 梁其泽, 等译. 北京: 中
国农业机械出版社, 1984: 55 - 56.

[103] UHING J. Rotary translatory motion drive gear: US2940322 [P]. 1956 - 04 - 19.

[104] 上海市电缆研究所五室. φ15 毫米光杆排线装置 [J]. 电线电缆, 1976 (02):
17 - 20.

[105] 昆明电线厂, 上海电缆研究所. 绞线生产 [M]. 北京: 机械工业出版社, 1980:
109 - 110.

［106］沈国荣. 中国实用科技成果大辞典：1993［M］. 成都：西南交通大学出版社，1993：904.

［107］钟新桥. 中国中部地区产业布局与发展战略研究［M］. 武汉：武汉理工大学出版社，2012：920.

［108］郭庆荣. 关于光杆排线器排线推力的计算［J］. 电线电缆，1990（4）：51－53.

［109］李永康. 光杆排线机构的摩擦分析与排线推力及传动效率的计算［J］. 电线电缆，1996（5）：38－41.

［110］马尚荣. 光杆排线机构的运动及其力学分析与计算［J］. 山西机械，1996（1）：35－37.

［111］陆国明. 光杆—滚珠轴承传动原理探索［J］. 机床，1991（11）：38.

［112］沈立峰. 光杆排线机构中的转环的设计［J］. 电线电缆，1987（4）：55－57.

［113］刘长丰，沈庆平. 光杠—滚珠轴承传动原理分析［J］. 太原重型机械学院学报，1993，14（04）：96－99.

［114］张宝忠. 收排线机构的运动学分析与设计计算［J］. 上海电动机学院学报，2003，6（02）：4－6.

［115］姜松，姜奕奕，陈琦莹，等. 交错轴摩擦轮传动及其应用［J］. 中国食品学报，2023，23（10）：420－434.

后　记

本书是作者团队 15 年来对其研究和积累的系统总结。

一、资助的课题及成果

2006 年，在国家科技支撑计划课题"农产品品质检测和商业化技术装备研究与开发"子课题（2006BAD11A12 – 06，2007—2009）的资助下，开展了禽蛋动力学分析研究，并于 2009 年研制了具有自主知识产权的禽蛋大小头自动定向排列装置。

2011 年，在江苏省高等学校自然科学研究项目（11KJA550002，2011—2014）的资助下，开展了包装鲜鸡蛋大小头自动定向排列机理的研究，揭示了定向排列中禽蛋在两个输送辊上的分列轴向运动（螺旋运动）属于交错轴摩擦轮传动，结合定向排列中凸轮机构翻转运动设计方法获得了"禽蛋大小头自动定向排列装置的设计方法及其设计方法（专利号：201210208556.0）"国家发明专利，并系统地解析了定向排列机理。

2015 年，在国家自然科学基金项目（51575243，2016—2019）的资助下，开展了卵形体农产品大小头机械式自动定向设计理论的研究，系统地研究了不同卵形体农产品的定向排列规律和交错轴摩擦轮传动的机理。同时，在分析无心磨床、斜轧、扭轮摩擦传动、光杆螺旋传动、螺旋轮驱动或螺旋轮式驱动、无级变速螺旋驱动器、旋转光轴直线驱动装置、斜轮 – 光轴摩擦传动、光轴滚动螺旋传动、光杆/光杠排线器、滚动环传动或光轴转环直线移动式无级变速器、直线传动螺母、滑动螺杆或无牙螺杆、无牙螺母等相关文献的基础上，从理论上解析了一般交错轴摩擦轮传动原理，并对其进行了仿真验证；提出了交错轴摩擦轮传动两种基本运动形式及四种基本结构形式，构建了交错轴摩擦轮传动的理论体系，完善了摩擦轮传动的分类体系，填补了现有体系仅有平行轴和相交轴的空缺。

2020 年，在科技部创新方法工作专项项目（2020IM030100，2020—2023）的资助下，基于交错轴摩擦轮传动的基本原理，进一步系统深入地挖掘和解析了其在不同工程领域的应用，形成了本书稿架构。

二、认知的深化与升华过程——知识的传承与创造

定向排列中禽蛋在两个输送辊上的分列轴向运动（螺旋运动）是摩擦轮传动，类似于无缝钢管斜轧穿孔原理，属于交错轴摩擦轮传动，两者共同点为主

动轮与从动轮之间都存在一个偏转角，从动轮都做螺旋运动；不同点为分列轴向运动中禽蛋螺旋运动的轴向移动沿主动轮（输送辊）轴线方向直线运动，而无缝钢管斜轧运动中钢坯螺旋运动的轴向移动沿从动轮（钢坯）轴线方向直线运动，即与主动轮（轧辊）轴线之间存在偏转角——斜轧角；禽蛋的轴线是移动的，而钢坯的轴线是固定的。根据共同点查阅到了陈粤的"斜轮——光轴摩擦传动的设计"、袁传大的"光轴螺旋传动"、郑耀阳的"光轴滚动螺旋传动装置"、王树森的"滑动螺旋杆传动装置"、罗兵的"采用扭轮摩擦传动的超精密定位系统"和魏振苏的"无心磨床工作法"，通过文献分析从动轮螺旋运动的轴向移动存在两种关系，无缝钢管斜轧穿孔和无心磨床属于"正弦关系"，上述其他文献表述的传动属于"正切关系"，由此得出了交错轴摩擦轮传动存在两种基本运动形式。通过机构简图的结构分析，两者之间是通过高低副的转换而成。

运用工程力学和机械原理知识，解析了交错轴摩擦轮传动两种基本运动形式的运动学和动力学机理，建立了交错轴摩擦轮传动理论。应用交错轴摩擦轮传动原理，解析基于 Mecanum 轮的全方位移动小车的驱动原理，并进一步系统深入地挖掘和解析了交错轴摩擦轮传动两种基本运动形式在不同工程领域的应用，总结出"正弦关系"在无心磨床、斜轧机、抛光机、矫直机和螺旋运动式轴向输送装置上的应用；"正切关系"在精密定位、管道机器人、禽蛋大小头自动定向、光杆排线器（变速器）、滑动螺杆、无牙螺杆上的应用，并通过结构解析，归纳了交错轴摩擦轮传动四种基本结构形式。

15 年的交错轴摩擦轮传动研究基于姜松在江苏大学农业机械设计与制造专业的本科学习经历（1981—1985 年），留校后在机械工程学院从事了 7 年的本科机械原理、机械零件、机械工程基础等课程教学，对常用机构的体系有较深的认知，以及其后来在江苏大学食品与生物工程学院在职攻读农产品加工及贮藏工程专业硕士、博士学位，从事农产品力学特性与质地评价及加工装备研究。

交错轴摩擦轮传动，从名称来看，是一个冷词汇，并不流行；从工程应用来看，是应用非常广泛的一种传动技术，涉及机器人、精密定位、自动化装备、金属加工等领域。

三、理论建构过程的回顾与思考——专创融合

交错轴摩擦轮传动理论建构过程与其他科学理论一样，都是发现科学问题，获取科学事实，整理科学事实，建构理论体系。

交错轴摩擦轮传动理论建构源于经验问题和概念问题：①禽蛋为什么能在水平放置同向转动的两个等径圆柱（输送辊）支撑下沿辊轴线方向做螺旋运动？②禽蛋的这种运动形式与无缝钢管斜轧类似，但为什么其与无缝钢管斜轧的运动规律不同，又与扭轮摩擦传动运动规律相同？③为什么在无缝钢管斜轧和无心磨床传动中对其传动未命名，而与扭轮摩擦传动原理相同的其他文献中又称为光杆螺旋传动、斜轮－光轴摩擦传动、光轴滚动螺旋传动？

交错轴摩擦轮传动理论建构中获取科学事实的方法，是采用观察方法和实验方法（含现代的计算机仿真方法），遵循"实践—认识—再实践—再认识……"的认识基本过程，为理论建构提供事实支持。

交错轴摩擦轮传动理论建构中整理科学事实的方法，是遵循着一定的具有普适性的逻辑思维方法，基本的逻辑思维方法主要包括分析与综合、归纳与演绎、比较和类比与分类、具体与抽象、证明与反驳、理想化、数学建模等；还包括具体的思维方法，如非逻辑思维（想象思维、联想思维、直觉思维、灵感思维），发散思维与集中思维，求同思维与求异思维，正向思维与逆向思维，纵向思维与横向思维，平面思维与立体思维，迂回思维与直达思维，理性思维与非理性思维，线性思维与非线性思维，系统思维与非系统思维，简单思维与复杂思维，整体思维与局部思维，定量思维与定性思维，以及批判性思维等。

交错轴摩擦轮传动理论体系建构，遵循从抽象上升到具体的方法，逻辑与历史相统一的方法和公理化方法，使理论体系的合理性、有效性和成熟度得到提高。

在理论建构和理论学习及理论运用中，思维方法是核心。为了使读者更有效地理解和运用交错轴摩擦轮传动理论，编制了思维方法与交错轴摩擦轮传动理论体系相结合的思考题，供品判与再创造。

1）运用基本逻辑思维方法，解析摩擦轮传动分类体系的形成过程。

2）运用基本逻辑思维方法，解析交错轴摩擦轮传动名称的演变过程。

3）运用批判性思维方法，分析交错轴摩擦轮传动应用的发展历程。

4）运用求异和求同思维方法，阐明交错轴摩擦轮传动机构基本形式（简图）的转化及应用。

5）运用平面思维与立体思维方法，解析交错轴摩擦轮传动的运动学和动力学分析的过程。

6）运用理想化和数学建模的思维方法，分析交错轴摩擦轮传动的仿真过程。

7）运用比较和类比与分类思维方法和思维导图方法，构建交错轴摩擦轮传动的工程应用体系。

8）运用抽象与具体的逻辑思维方法，基于交错轴摩擦轮传动基本原理剖析在工程上的实例。

9）运用类比思维方法，解释轮地交错轴摩擦轮传动的形成及在全方位移动小车运动分析中的应用。

10）运用系统思维与非系统思维方法，分析交错轴摩擦轮传动在卵形体农产品分列轴向运动中的应用。

11）运用分析与综合的逻辑思维方法，分析交错轴摩擦轮传动定型产品在装备开发中的应用。

12）运用纵向思维与横向思维等方法，分析国内外交错轴摩擦轮传动定型产品的演变过程。

13）综合运用思维方法，解读交错轴摩擦轮传动理论建构过程中科学问题的发现过程和淬炼过程。

14）运用系统思维和整体思维及批判性思维方法，剖析目前建构的交错轴摩擦轮传动理论体系的不足，设计新的体系。

15）运用非逻辑思维和系统思维等方法，设计一个自身专业领域的工程应用场景。

愿本书能启迪思维，激发智慧，演绎陶行知先生名言——"处处是创造之地，天天是创造之时，人人是创造之人"，在专创融合中感悟"潜力是无穷的，奇迹是创造的"。